행복한
삶의
사찰기행

행복한 삶의 사찰기행

초판 1쇄 발행 2019년 5월 1일

지 은 이　이경서
발 행 인　권선복
편　　집　오동희
디 자 인　최새롬
전 자 책　서보미
발 행 처　도서출판 행복에너지
출판등록　제315-2011-000035호
주　　소　157-010 서울특별시 강서구 화곡로 232
전　　화　0505-613-6133
팩　　스　0303-0799-1560
홈페이지　www.happybook.or.kr
이 메 일　ksbdata@daum.net

값 20,000원
ISBN 979-11-5602-715-7　　03980

Copyright ⓒ 이경서, 2019

도서출판 행복에너지는 독자 여러분의 아이디어와 원고 투고를 기다립니다. 책으로 만들
기를 원하는 콘텐츠가 있으신 분은 이메일이나 홈페이지를 통해 간단한 기획서와 기획의
도, 연락처 등을 보내주십시오. 행복에너지의 문은 언제나 활짝 열려 있습니다.

보고 듣고 느끼며 배우는 사찰 기행

행복한 삶의 사찰기행

이경서 지음

도서
출판 행복에너지

Prologue

행복한 인생을 위한 삶의 레시피

최근 수년간 '맛있는 삶의 레시피'를 화두로 삼아 맛있는 삶은 무엇일까? 행복한 삶은 무엇일까?를 늘 생각하면서 나름의 지식과 경험을 바탕으로 고민하고 해결책을 도출해 보려고 했다.

많은 이들은 '삶의 궁극적 목표가 무엇인가?'에 행복추구라고 말한다. 이렇게 행복을 원하기는 하는데 많은 이들은 부·권력·명예를 소유하는 것이 행복에 이르는 지름길이라고 생각하여 보다 많은 부·권력·명예를 소유하려고 한다. 부가 많아야 행복한 삶인가? 이름이 높아야 행복한 삶일까? 많은 권력을 가져야 행복한 삶일까?

이 문제에 대해 끊임없이 고민하던 중 불교와 인연을 맺으면서 그해결책을 얻게 되었다. 내가 얻은 결론은 자신의 삶을 올바로 직시하고 행복을 밖에서 찾지 말아야 한다는 것이다. 밖으로부터가 아닌 내안에서 찾아야 한다. 부·권력·명예와 같이 마음 밖의 대상으로부터 무언가 얻고자 하는 욕심으로는 참된 행복을 얻을 수가 없다. 행복은 보다 많은 부·권력·명예를 소유한다고 찾아오는 게 아니다. 그 행복은 잠깐의 머무름일 뿐이다. 부·권력·명예에 집착하면 절대로 행복이 찾아들지 않는다.

자기 마음속에 꾸준히 무엇인가를 간직하고 현재의 삶을 즐기며 기뿜 속에서 사는 것이 행복한 삶이다. 행복에 이르는 길은 나와 언제나 함께하는 마음을 다스리면서 성심을 다해 사는 것이다. 우리가 어떻게 마음을 갖고 있느냐에 따라 똑같은 현상도 달리 보인다. 고통과 행복도 마찬가지다. 마음을 어떻게 갖느냐에 따라 지옥이 되기도 하고 극락이 되기도 한다. 이 마음을 다스리는 데 도움이 되는 종교가 바로 깨달음의 종교인 불교인 것이다. 진정한 불교신자가 됨은 석가모니 부처님의 가르침을 따르는 것이다.

석가모니 부처님은 실존인물로 지금 네팔 땅인 인도 카팔라국의 룸비니 동산에서 태어난 이후 왕자의 지위를 버리고 29세에 출가하여 6년 고행 끝에 35세에 보리수 아래에서 깨달음을 얻으신 분이다. 이후 베나레스의 녹야원에서 그를 따르던 다섯 비구에게 최초의 법을 설한 것을 시작으로 45년 간 법을 설하게 된다. 석가모니 부처님이 80세에 열반에 드신 후 그를 25년간 수행했던 아난존자는 500아라한이 모인 가운데 "如是我聞이와 같이 나는 들었노라" 하면서 부처님의 법문을 다 외워 내었다. 이것이 최초의 경전 결집이요 이 부처님의 가르침을 목판에 새긴 것이 팔만대장경인 것이다.

부처님은 번뇌를 극복하고 해탈을 성취한 성자로서 최고의 깨달음인 열반에 이르는 방법을 중생에게 가르쳤고, 이를 실천한 중생들은 번뇌에서 벗어날 수 있었다.

불교와 인연을 맺고 본격적으로 법회에 참석하고 공부하면서 나름 생각과 행동에 많은 변화가 왔다. 불교의 목표는 행복의 실현이니 진정한 불자가 되어 부처의 가르침을 따르고 내가 삶의 주인이 되어서 기쁜 마음으로 즐겁게 수행하여 행복에 도달하면 된다는 깨달음도 그중 하나였다. 행복은 밖에서가 아닌 내 안에서 찾아야 한다. 그러기 위해서는 스스로 마음공부를 통해 마음의 그릇을 먼저 비우도록 해야 한다. 마음의 그릇이 미워하고, 원망하고, 질투하는 등의 번뇌망상으로 꽉 차 있으면 안 된다. 누구에게나 하늘에서 축복의 비를 내리는데 인간은 비운 마음그릇의 크기만큼 축복을 받아들인다고 한다. 종지 정도의 마음을 가진 사람은 종지만큼 축복의 빗물을 받을 것이고, 대접 정도의 마음을 가진 사람은 대접만큼 축복의 빗물을 받아들인다고 한다. 그러니 우리가 제일 먼저 해야 할 일은 축복의 비를 많이 받기 위해 비운 마음의 그릇을 보다 크게 만드는 마음공부이다.

불교대학에서 경전공부와 함께 진행된 성지순례는 불교를 이해하고 즐기는 데 많은 도움이 되었다. 이에 나름 108사찰순례 계획을 세우고 전국의 사찰 중 108사찰을 선정해 첫 해 54개 사찰순례에 이어 다음 해 나머지 54개 사찰순례를 다니고자 했다. 사찰을 순례하면서 보고 듣고 느끼며 배우는 바가 적지 않음을 알게 된 나는 점차 시간 날 때가 아니라 시간을 일부러 내서 다녀오고 싶은 사찰을 거리 장소를 불문하고 다녀오곤 했다.

전국의 사찰순례를 통해서 직접 보고 듣고 느끼며 배운 내용을 가감 없이 있는 그대로 책에 담고 싶었다. 사찰마다 모습과 법을 전하는 방식이 다양하고 강조점이 다르다는 것을 눈으로 직접 보고 귀로 듣고 마음으로 느꼈다.

이 책은 그런 나름의 생각을 바탕으로 직접 발품을 팔아 가면서 준비된 것이다. 현재 불자이거나 불교와 인연을 맺은 많은 이들에게 불교와 사찰을 이해하고 행복한 삶을 만들고 즐기는 데 조그마한 도움이 되기를 바란다.

2019년 초봄
法華 이경서

목차

제2장

충청지역
순례

제5장

영남지역
순례

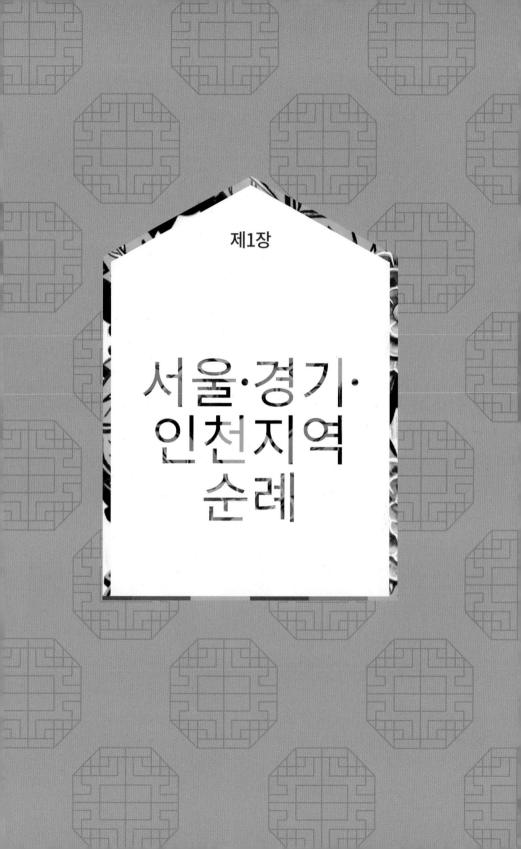

제1장

서울·경기·
인천지역
순례

01

자비실천도량
안성 칠장사

대웅보전

온 산이 곱게 물든 가을날 주말 아침을 먹으면서 불쑥 아내가 "어디 다녀올까?" 하고 제안을 한다. "그러자" 하고 이곳저곳을 물색하다가 경기도 남부의 끝자락에 있는 안성^{安城} 칠현산 칠장사를 다녀오기로 했다. 집을 나와 차로 1시간 반을 고속도로를 달려 절에 도착했다. 일주문에 '칠현산 칠장사七賢山 七長寺'라고 검은 바탕에 금색 글씨로 쓴 현판이 걸려 있다.

칠장사는 신라 자장율사慈藏律師가 선덕여왕 5년인 636년에 창건한 고찰이다. 고려 현종 5년인 1014년 혜소국사慧炤國師께서 7명의 도적을 제도하여 불가에 귀의시키고 도량을 크게 중창하였다. 조선 명조 때는 의적 임꺽정의 스승이면서 생불로 추앙되던 병해대사의 주석도량이기도 했다. 광해군에 의해 죽임을 당한 영창대군永昌大君과 폐위되었던 인목대비仁穆大妃가 영창대군의 원찰로 삼은 곳이기도 하다. 또 암행어사 박문수朴文秀가 이곳 나한전에서 기도하며 꿈에 시과문구를 현몽하고 장원급제를 하였다고 하여 지금도 많은 수험생 가족이 찾는 곳이기도 하다.

현재 칠장사는 대한불교조계종 제2교구 본사인 용주사의 말사이다. 주지 지강스님이 원력으로 전국 어느 곳이나 고통과 어려움이 있는 곳에 나눔과 베풂의 자비행을 실천함으로써 이곳을 자비도량으로 만들고 있다.

일주문을 통과해 언덕을 오르니 어디선가 나타난 검은 개가 아내 앞에 서서 천왕문으로 안내를 하고 사라진다. 조선 영조 2년인 1726년에 조성된 천왕문에는 진흙으로 만들어진 사천왕상을 모셔 놓고 있다. 사천왕은 세상의 중심에 가장 높이 솟아 있다는 수미산 중턱에 살면서 사방과 사대주를 수호하는 신장이다. 동방에는 지국천왕이 칼을, 남방에는 증장천왕이 용을, 서방에는 광목천왕이 창을, 북방에는 다문천왕이 비파를 들고 있다.

천왕문 기둥의 주련에 시선이 머무른다.

사대천왕위세웅四大天王威勢雄 사대천왕의 위세는 웅장하시니

호세순유처처통護世巡遊處處通 세상 두루 돌아 지키고

종선유정이복음從善有情貽福蔭 착한 일하는 중생에게 복덕을 주시고

죄악군품사재륭罪惡群品賜灾隆 죄지은 악한 무리에게 재앙을 내리신다

천왕문을 지나 중심전각인 대웅전 앞마당으로 들어서니 혜소국사 다례행사가 진행 중이다. 일단 중심전각인 대웅전으로 향했다. 대웅전은 정확한 건립연대가 알려지지 않은 건물로 조선 중기에 중창되었다. 오래된 건축물인 듯 빛바랜 모습의 앞면과 옆면이 모두 3칸인 맞배지붕 전각이다.

1 칠장사 천왕문으로 안내하는 검은 개
2 대웅보전 석가모니불 삼존불상

법당 안으로 들어가니 석가모니 3존불상이 모셔져 있다. 중앙에 석가모니불이, 그 좌우에 문수보살과 보현보살이 모셔져 있다. 그리고 본존 후불탱화와 지장탱, 신중탱, 칠성탱이 모셔져 있다.

대웅전 왼쪽에는 보물 제983호인 크지 않은 안성봉업사 석불입상이 서 있다. 불상과 불상 뒷면의 광배가 같은 돌에 새겨진 높이 166.5센티미터의 입상으로 고려초기의 불상형식이란다.

대웅전 앞마당에는 삼층석탑이 있다. 재질은 화강암으로 되어있으며 주변 각사지에 흩어져 있던 것을 2005년에 이곳에 이전 설치한 것으로 경기도 유형문화재 제179호로 지정되어 있다.

대웅전 오른쪽의 원통전으로 이동했다. 빛바랜 단청의 법당 안으로 들어가니 장엄한 관세음보살좌상을 모셔 놓고 있다. 관세음보살은 자애와 자비의 상징이며 아미타불의 화신으로 구제할 중생의 근기에 맞추어 33가지의 몸으로 세상에 나타나시는 보살이다. 경건한 마음으로 참배를 하고 명부전으로 향했다. 전각 내 중앙에 지장보살과 협시보살인 무독귀왕과 도명존자 등 목조지장삼존상이 모셔져 있다. 그리고 그 좌우에 제5 염라대왕 등 시왕상이 모셔져 있다. 이들을 포함한 21구의 목조상의 제작 시기는 1706년이다.

명부전을 나와 오른쪽의 언덕길을 따라 오르니 암행어사 박문수 다리가 있다.

과거시험에 두 번 낙방한 박문수는 세 번째 과거시험 길에 칠장사에 들러 어머니가 싸 준 찹쌀유과를 공양물로 꺼내 놓고 어머니의 뜻에 따라 나한전에서 기도하고 요사채에서 하루를 보내게 되었다.

그날 밤 박문수의 꿈에 나한이 나타나 과거시험에 나올 문제의 답이라며 명문장 7행을 읊어 주고 마지막 1행은 스스로 지어 완성하라고 하였다. 너무도 생생했던 꿈이 시험장에서 현실로 나타났다. 박문수는 꿈에서 본 시 7행에 1행을 추가해 제출한 뒤 마침내 장원급제하였다. 이 이야기가 전해 오면서 수험생 부모들 사이에 기도처로 알려져 있다. 그래서인지 나무다리에는 많은 이들의 소원지가 달려있다. 다리를 건너 산길로 한양을 갔다는 박문수의 흔적을 칠현산 둘레길을 걸으며 더듬어 보았다.

조금 더 언덕길을 오르니 그 유명한 나한전이 눈에 들어온다. 법당 안에는 혜소국사를 비롯한 일곱 나한이 모셔져 있다. 이에 얽힌 일곱 도둑 이야기가 전해지고 있다.

현재 칠현산인 옛 아미산에서 한 도둑이 목이 말라 샘을 찾던 중 눈부신 빛을 따라가니 샘물이 있었다. 도둑이 정신없이 물을 떠서 마시고 나니 물바가지가 금바가지로 변해 있었다. 도둑은 금바가지를 챙겨 집으로 돌아왔고, 그의 동료였던 여섯 도둑도 똑같은 상황을 겪었다. 그러나 집에 돌아온 후 금바가지는 사라졌다. 이에 두려움에 떨던 일곱 도둑은 죄책감에 칠장사의 혜소국사를 찾아가 사죄했다. 그길로 그들은 출가하여 열심히 수행하고 세월이 흘러 나한의 경지에 이르게 되었다.

이 일을 기려 사람들은 아미산을 칠현산七賢山으로 바꾸고, 칠장사漆長寺를 칠장사七長寺로 고쳐 썼다고 한다. 신비한 일은 그 이후에 일어났다. 혜소국사가 입적하자 깊은 슬픔에 잠겨 있던 일곱 나한이 사라졌다. 그

나한전 7현상

들이 있던 절 뒤편 바위 위에 일곱 덩이의 돌멩이가 나타났는데 모두 사람의 형상을 하고 있었다.

사람들은 이를 더 세밀하게 깎아 일곱 나한이라 하여 모시고, 그 바위 위에 나한전을 지었다. 칠장사의 일곱 나한 이야기는 무지한 도둑들도 나한이 되었듯이, 아무리 힘든 일이라도 포기하지 않고 참고 견디면 무슨 일이든 해낼 수 있다는 교훈을 준다.

나한전 참배를 마친 후 전설을 곱씹으며 샘물터에서 물 한 바가지를 시원하게 들이켰다. 언덕을 더 올라 삼성각 참배를 하고 내려오는 길 왼편 언덕에 고려 문종 14년인 1060년에 건립된 보물 제488호 혜소국사비慧炤國師碑가 서 있다.

고려 광종 23년인 972년에 안성에서 태어난 혜소는 7세 나이에 출가했고 대사, 왕사, 국사가 되었으며 만년에 사회적 활동으로 나눔을 실천하였다. 이 혜소국사비에 얽힌 설화가 전해지고 있다.

임진왜란 때 적장인 가토 기요마사加籐淸正가 절에 왔을 때 어떤 노승

서울·경기·인천지역 순례

이 홀연히 나타나 그의 잘못을 꾸짖었다. 화가 치민 가토 기요마사가 칼을 빼서 베니 노승은 홀연히 사라지고 비석이 갈라지면서 피를 흘렸다. 이를 본 가토 기요마사는 겁이 나서 도망했다고 한다. 현재 혜소국사비의 비신을 보면 가운데가 갈라져 있어 이를 뒷받침하고 있다.

칠장사는 혜소국사의 큰 뜻을 기리고 추모하기 위해 매년 다례제를 열어 오고 있다. 오늘이 그날인 거다. 우연히 마주친 순례길에 이런 뜻 깊은 다례행사를 직접 보게 되어 기쁘다는 생각을 하면서 대웅전 앞마당에서 펼쳐진 다례행사를 긴 시간 참관하였다.

행사장 전면에는 커다란 괘불탱이 걸려 있다. 우리나라에서 세 번째로 오래된 부처님 그림인 국보 제296호 오불회괘불탱이다. 조선 인조 6년인 1628년에 법형이 그린 것으로 길이 6.61미터 폭 4.07미터의 크기이다. 구름을 이용해 상중하 3단으로 구분하고 각단에 석가불, 비로자나불, 노사나불 등의 삼신불, 약사여래불과 아미타불 등 여러 보살의 삼세불, 수미산 정상의 도솔천궁 등을 표현하고 있다. 다양한 모습의

1 혜소국사비 2 오불회 괘불탱

다례행사와 공연을 보면서 즐거움을 만끽한 후 아래 마당에서 비빔밥으로 공양을 했다.

마당 오른쪽으로는 범종루가 서 있고 그 옆 전망 좋은 곳에 검은색의 오래된 누각이 우뚝 서 있다. 앞면 세 칸 옆면 두 칸의 팔작지붕건물이다. 다가가 보니 제중루濟衆樓란 편액이 붙어 있다.

그 오른쪽의 커다란 전각은 극락전이다. 법당 안에는 임꺽정이 만들었다는 '꺽정불'과 새로 조성된 여러 불상들이 있다.

조선 명조 때 임꺽정의 스승이었던 병해대사는 칠장사에 있으면서 지역백성들에게 가죽신 제조법을 가르쳐 생계에 도움을 주기도 했고, 그들의 처지를 이해하고 아픔을 어루만져 주기도 했었다. 이에 백성들은 그를 깊이 존경하며 살아 있는 부처로 여겼다.

병해대사가 입적하자 임꺽정은 크게 슬퍼하며 스승이 생전에 봐 두었던 나무를 깎아 1560년 칠장사의 극락전에 모셨는데 그것이 바로 '꺽정불'이다. 꺽정불의 하단에는 '봉안 임거정'이란 글씨가 쓰인 삼배조각이 붙어 있다. 지금도 병이 있거나 자손이 없거나 등 근심 걱정 있는 사람들이 이곳의 꺽정불을 찾아 불공을 한다고 한다.

안내 소책자에 '진정한 나눔이란?' 제목의 글이 마음에 와닿는다.

'나눔과 소통에는 행복이 있고,
그것은 부처님의 사상입니다.'

이렇게 많은 이야기가 담겨 있는 자비실천도량 칠장사 순례를 마무리하고 절을 빠져 나왔다.

02

마음의 정원
삼각산 진관사

절마당에서 본 전각모습

작심하고 새벽부터 일어나 준비를 서두르고 집을 나섰다. 서울 북쪽의 삼각산을 등산하면서 진관사, 삼천사, 승가사를 순례하기로 마음먹었기 때문이다.

버스와 전철을 갈아타며 구파발역에 도착하였다. 지하철 출구로 나오니 예전에 이곳의 절에서 지냈던 경험이 있던 지역인데도 불구하고 옛 모습은 찾아볼 수가 없다. 주위를 서성대다가 택시를 타고 진관사로 향했다.

진관사는 예로부터 '서쪽은 진관사西津寬'라고 하여 한양 근교 4대 명사찰 중의 하나였다. 조선시대의 4대 명찰은 남양주 불암산 불암사, 안양시 삼성산 삼막사, 철원 보개산 심원사와 함께 이곳 삼각산 진관사였다고 한다.

대한불교조계종 제1교구 본사인 조계사의 말사인 진관사는 고려 현종이 1010년 대량원군 시절에 왕위계승과정에서 자신을 구해 준 진관대사津寬大師를 위해 창건한 절이다.

그 후 1090년 고려 선종이 이곳에 행차하여 오백나한재를 베푼 후

1 마음의 정원   2 해탈문

국가적 사찰이 되었다. 오백나한재는 석가가 열반에 든 이후 그의 유교결집을 위해 모인 오백제자들인 나한을 신앙의 대상으로 삼아 공양하는 법회이다. 고려시대에는 호국 또는 기우제의 목적으로 열리기도 했다.

1442년 조선 세종은 사가독서당賜暇讀書堂을 진관사에 두고 집현전 학사들이 한글을 비밀리에 연구하도록 하기도 했다.

이후 한국전쟁 당시 나한전, 칠성각, 독성전을 제외한 모든 사찰건물이 소실되는 아픔을 겪었으나 1963년 최진관 스님의 집념으로 소실된 전각들이 복원되었다. 한편 2009년에는 칠성각 해체복원 중 독립운동가였던 백초월 스님이 숨겨 둔 것으로 추정되는 태극기와 독립신문이 발견되기도 했다.

'삼각산 진관사三角山 津寬寺'라는 한자 편액이 걸려 있는 일주문을 통과하니 '종교를 넘어, 마음의 정원, 진관사'라는 글귀가 아치형 나무터널에 걸려 있다. 누구나 종교와 관계없이 이곳을 쉼터로 생각하고 드나들라는 배려의 글이라는 생각이 든다.

길가 화단에 서 있는 푯말이 눈에 들어온다. 모든 이들에게 세 치 혀를 조심하라는 경구이다.

'험담은 세 사람을 죽인다.

말하는 자, 듣는 자, 험담의 대상자'

-미드라쉬-

신선한 아침공기를 마시며 조금을 걸으니 극락교가 나오고 이어서 해탈문이 나온다. 사찰로 들어가는 산문 가운데 일주문과 천왕문을 지나 만나는 마지막 문이다. 여느 절에서 볼 수 있는 불이문의 다른 이름이다. 불이不二는 분별을 떠나 언어의 그물에 걸리지 않는 절대의 경지로서 진리는 둘이 아니라는 뜻에서 연유한다. 부처와 중생이 다르지 않고, 생과 사, 만남과 이별 역시 그 근원은 하나이다. 이렇게 불이不二의 뜻을 알면 해탈할 수 있으므로 해탈문이라고 한다. 해탈문을 통과해야만 진리의 세계인 불국토에 들어갈 수 있음을 상징적으로 보여 주고 있다. 이러한 상징적인 의미 때문에 해탈문을 지나면 바로 부처님을 모신 전각이 나타나게 된다.

사찰경내가 잘 정돈되어 있다는 생각을 하면서 오르다 보니 왼쪽에 있는 아름다운 소나무 군락 앞의 바위에 '진관사 마애아미타불'이 음각되어 모셔져 있다. 조금 더 언덕을 오르니 보문원이라는 예쁜 찻집이 서 있고, 그 앞에 갈림길이 나온다. 오른편의 세심교 쪽으로 가면 템플스테이를 할 수 있는 건물이 나온다.

왼편 홍제루 누각에는 '진관사' 편액이 걸려 있다. 누각 밑을 누하진입해 들어가니 사찰에서 열리는 각종 법회에 대한 안내 글에 시선이 멈춘다.

1 마애아미타불 2 금강문

'법회는 부처님의 가르침을 배우는 가장 거룩한 공간이며, 생활을 점검하고 삶의 자세를 가다듬는 중요한 신행활동이다. 불자들은 기쁜 마음으로 법회에 참석하여 부처님께 정성스러운 마음으로 참배하고 부처님의 가르침에 귀 기울여야 한다.'

금강역사상이 문 양쪽에 그림으로 모셔져 있는 누각 밑을 통과해 계단을 오르니 사찰의 중심지역인 절마당이다. 대웅전, 명부전, 적묵당, 나가원, 나한전, 독성전, 칠성각이 절마당 사방에 오밀조밀 자리하고 있다.

절의 중심전각인 대웅전으로 향했다. 법당 안에는 대웅전의 주인이며 현재불인 석가모니불이 중앙에 주불로 모셔져 있고, 그 우측에는 과거불인 연등불, 그 좌측에는 미래불인 미륵불이 모셔져 있다. 참배를 마치고 삼존불에 다가가 보니 각각의 부처님 옆에 그에 대한 설명이 친절하게 쓰여 있다.

사찰들을 방문해 보면 법당에 그냥 부처님만을 모셔 놓고 있거나, 모셔 놓은 부처님이 누구인지만을 알려 주고 있다. 그런데 이곳 진관사는 법당에 모신 부처님들에 대한 친절한 설명을 적어 놓았다. 방문자 입장에서 '이곳 진관사는 사찰방문객들을 배려하고 있구나'라는 생

대웅전 삼존불상

각이 들었다.

과거불인 연등불은 석가모니불이 전생에 선혜보살로서 수행하고 있을 당시의 부처님이다. 연등불이 진흙을 밟고 지나가려 하자 선혜보살이 자신의 긴 머리카락을 바닥에 풀어 질퍽한 진흙을 덮어 지나가도록 했다. 이에 감동한 연등불은 다음 생에 선혜보살이 부처가 되리라는 수기를 내렸다고 한다.

현재불인 석가모니불은 인간의 삶이 생로병사가 윤회하는 고통으로 이루어졌음을 자각하고, 이를 벗어나기 위하여 출가해서 깨달음을 성취하고 부처가 되었다.

미래불인 미륵보살은 석가모니 부처님이 열반에 든 뒤 56억 7,000만 년이 지나면 이 사바세계에 출현하는 부처님이다. 그때의 이 세계는 땅은 유리와 같이 깨끗하며 꽃과 향이 뒤덮여 있는 이상적인 국토로 변하여 있고, 인간은 수명이 8만 4,000세나 되며, 지혜와 위덕이 갖추어져 안온한 기쁨으로 가득 차 있다고 한다.

참배를 마치고 대웅전을 나와 나한전으로 향했다. 전각 안으로 들어가니 중앙에 서울시 유형문화재 제143호로 지정된 제화갈라보살님, 석

서울·경기·인천지역 순례

나한전의 나한상

가여래부처님, 미륵보살님이 봉안되어 있다. 그 양옆에는 16나한이 모셔져 있다. 나한은 아라한阿羅漢의 준말로 일체의 번뇌를 끊고 사제의 이치를 깨달아 마땅히 공양을 받을 만한 복덕과 지혜를 갖춘 분이다. 이들은 무량의 공덕과 신통력을 지니고 있어 열반에 들지 않고 세속에 거주하면서 불법을 수호하는 존자이다. 아라한의 약자로 쓰이는 응공應供은 다른 말로 진리에 상응하는 분을 의미하는 응진應眞이라고 표현하기도 한다. 전각에 나한을 몇 명을 모시느냐에 따라 전각명칭이 달라지는데 16나한을 모신 경우를 응진전이라고 한다.

참배를 한 후 그 옆의 칠성각으로 들어갔다. 전각입구에 '백초월 스님의 독립운동사료가 발견된 곳'이라고 쓰여 있어 더욱 관심이 갔다. 칠성은 칠원성군이라고 하며 북두칠성을 상징하는 일곱 분의 부처님을 말한다. 민간에서는 재물을 주고 수명을 늘려 주는 분으로 널리 신앙을 받아 왔다. 일곱 부처님 가운데 치성광여래가 주불이다. 자식이 없거나 아들을 원하는 부인과 자신의 장수를 빌고자 하는 신도들에게 인기가 있다.

독성전으로 들어갔다. 독성은 부처님의 가르침 없이 홀로 천태사에 머물면서 수행을 해 깨달은 나반존자를 일컫는다.

진관사 절마당을 나오는데 언덕에 오래된 느티나무가 버티고 서 있다. 가까이 다가가 보니 수령이 230여 년 된 나무로서 둘레가 2.5미터, 높이가 19미터에 달한다고 한다. 보호수로 지정된 이 느티나무는 이곳에 묵묵히 서 있으면서 진관사의 굴곡진 역사를 지켜보고 있었으리라.

사찰언덕을 내려오면서 종무소에 둘러 자료를 살펴보는데 탁자 위에 평소에 즐기는 글귀에 시선이 간다. '방하착放下著 내려놓아라' 이 글을 보면서 고창의 선운사에서 보고 읽었던 '방하착'이란 제목의 글이 생각난다.

'누구나 좋은 도반을 만나고 싶어 합니다.
누구나 행복하고 싶어 합니다.
누구나 성공하고 싶어 합니다.
그러나 잠깐만
…하고 싶다는 그 마음 내려 봅시다.
애써 가지려 하지 않을 때
무심히 이뤄지는 기쁨들이 나타납니다.
우리는 그것을 행운이라고 합니다.
그러나 돌아보면
그 행운도
방하착放下著
마음을 내려놓는 오랜 수행 끝에 얻어지는
소중한 선물입니다.'
-선운사 선원-

서울·경기·인천지역 순례

03

천년고불이 있는
삼각산 삼천사

삼천사 전경

조선시대 4대 명찰 중의 하나인 삼각산 진관사를 순례한 후 걸어서 삼천사로 향했다. 얼마를 큰 도로변을 걷는데 '삼각산 삼천사입구' 도로표지판이 나온다. 삼천사까지 도보로 50분이 걸린단다.

산으로 접어들어 걷는데 길이 찻길과 계곡길로 나누어진다. 젊은 시절 이곳에 왔던 추억을 더듬으며 계곡의 산길을 택해 오르기로 했다. 계곡의 자연풍광을 감상하며 얼마를 오르니 다시 찻길을 만난다. '미타교'라는 명칭의 돌다리를 지나 나무데크로 만든 북한산 둘레길을 따라 오르니 절마당 입구에 '삼각산 적멸보궁 삼천사三角山寂滅寶宮三千寺'란 글씨가 음각된 화강암말뚝이 서 있다. 아마도 일주문 역할을 하는 듯하다.

삼천사三千寺는 661년에 원효대사元曉大師가 창건한 절이다. 당시 삼천여 명의 승려가 이곳에서 수도할 정도로 번창했다고 하여 절 이름이 이 숫자에서 유래했다고 전해지고 있다.

삼천사는 임진왜란 당시에 승병의 집결지로 사용되기도 하였다가 소실되는 비운을 겪기도 했다. 뒷날 이 절의 암자가 있던 마애여래 길상터에 진영대사가 절을 복원했다. 1970년에 성운스님이 주석하여 경

32

1 해탈문 2 금강문

내에 있는 천년고불인 마애여래입상이 보물 제657호로 지정되었고, 이를 시작으로 하여 순차적으로 불사를 진행하여 오늘에 이르고 있다.

절마당에 들어서니 마당 한가운데 독특한 모양을 한 석탑이 서 있고, 멀리 삼각산의 자태가 눈에 들어온다. 석탑 뒤로 새로 조성한 탑과 함께 해탈문이 조성되어 있다. 해탈문으로 들어가 탑돌이를 하고 나왔다.

마당 한쪽에 조그만 예쁜 연못이 조성되어 있다. 그 옆 수곽에서 시원한 약수를 한 모금 마시면서 갈증을 해소했다. 마당 오른쪽 언덕 위에는 지장보살상이 우뚝 서 있고 그 옆에 범종루가 있다. 계단을 올라 지장보살상에 참배하고 마당으로 내려왔다.

'삼각산 삼천사三角山 三千寺'라는 한자 편액이 걸려 있는 문으로 향했다. 금강문 양쪽에는 금강역사탱화가 모셔져 있다. 엄청난 힘을 지닌 나라연금역사와 지혜의 무기인 금강저를 들고 부처님을 호위하고 있는 밀적금강역사의 탱화이다. 금강역사들은 수문과 도량수호의 역할을 맡

대웅보전 법당

아 사찰을 지킨다.

　이곳을 통과해 용의 모습이 조각된 돌난간을 따라 계단으로 오르니 대웅보전이 눈앞에 나타난다. 대웅大雄은 부처님의 덕호로, 붓다가 큰 힘으로 마왕을 항복시켰다 하여 붙여진 명호이다. 법당에는 매우 화려한 석가모니 삼존불의 금동불상이 모셔져 있다. 중앙에 석가모니불이, 그 좌우에 관세음보살과 대세지보살이 있다. 조용한 가운데 참배를 하고 천수경을 독송하고 법당을 나왔다.

　이곳 삼천사 순례에 앞서 진관사를 순례하면서 보았던 '기도'란 제목의 글이 떠오른다.

　　'...

　　부처님의 가르침에 의지하여

　　진실로 참회하고

　　선한 일을 행하여 공덕을 쌓고

서울·경기·인천지역 순례

불공을 올려 기도함으로써

행복을 찾을 수 있습니다.'

대웅보전을 나와 왼쪽으로 돌아 대웅보전 후문으로 올라가니 부도[1]의 모습으로 된 '세존사리보탑'이 있다. 미얀마의 마하시사사나사원에서 전수받은 부처님 진신사리 3과와 나한사리 3과가 모셔져 있는 적멸보궁이다.

진신사리는 곧 부처와 동일체로 부처 열반 후 불상이 조성될 때까지 진지하고 경건한 숭배의 대상이다. 적멸보궁은 보궁의 바깥이나 뒤쪽에 사리탑을 봉안하고 있거나 계단戒壇을 설치하고 있다.

그 옆 계곡의 병풍바위에는 천년고불인 마애여래석불이 모셔져 있다. 2.6m 크기의 입상으로 양각된 모습을 하고 있는 마애여래석불의 제작년도는 고려시대인 11세기경으로 추정하고 있으며 고려시대 불상 중 대표적인 것으로 평가되어 이에 보물 제657호로 지정되어 있다.

전체적으로 볼 때 상호가 원만하고 신체도 비교적 장신이며 비례가 자연스럽다. 옷자락도 부드럽게 표현되었고 양각과 음각의 조화를 잘 살리고 있다. 수인을 살펴보면 오른손은 내려 옷자락을 살며시 잡고 있으며, 왼손은 배 앞쪽으로 무엇을 가볍게 받들어 쥐고 있는 듯한 형상을 하고 있다. 발밑의 대좌는 연꽃잎이 위쪽으로 피어난 양련의 연화좌이다.

마애석불 앞에서 신도들이 간절한 마음을 담아 경건하게 기도를 하

....

1 부처, 승려의 사리나 유골을 안치한 묘탑

1 세존사리탑
2 마애여래입상

고 있다. 나 또한 간절한 마음을 담아 참배를 하고 그 옆의 2층 건물로 향했다. 1층은 오백나한님을 모신 나한전이고 2층은 산령각이다.

나한전은 오백나한이 장엄하게 모셔져 있는 곳이다. 여기 오백나한과 관련된 이야기가 전해지고 있다. 조선을 개국한 이성계가 왕이 되기 전 꿈을 꾸었다, 그 꿈 이야기를 들은 그의 멘토 무학대사는 '장차 큰 귀인이 될 꿈'이라면서 나한전을 세워 오백나한을 봉안하고 오백일 동안 기도를 드리라고 하였다.

마침 그때 함경도 길주의 광적사가 소실되어 그 절에 봉안되어 있던 오백나한이 다른 곳에 안치되어 있었다. 이성계는 자신과 인연을 맺은 무학대사를 위해 강원도 설봉산에 석왕사를 세우고 오백나한들을 봉안

1 나한전 2 천태각 나반존자

하기로 하고 하루에 한 나한씩만 옮기며 5백일 동안 기도하였다. 마침
내 오백나한의 영험 때문인지 이성계는 조선을 개국하여 태조가 된다.

  이런 이유로 최고의 깨달음을 얻은 성자인 나한_{阿羅漢}을 모시는 나한
신앙은 조선시대에 매우 성행하게 되었다고 한다. 나한전에는 석가모
니불을 중심으로 부처의 제자 등 나한에 이른 이들이 봉안된다. 나한전
안으로 들어가니 조그마한 나한상들이 벽 양쪽에 빼곡히 모셔져 있다.

참배를 마치고 나와 계단을 올라 2층 산령각으로 갔다. 여느 절들에서는 삼성각이라 하여 칠성님을 중앙에 그리고 그 좌우에 산신과 나반존자를 모셔 놓고 있다. 삼천사는 산신만을 산령각에 따로 모시고 있다. 다른 사찰의 산신각보다 규모가 큰 정면 두 칸 측면 삼 칸의 맞배지붕건물이다. 산령각 참배를 하고 내려와 오백나한전 맞은편에 있는 천태각으로 발걸음을 향했다.

천태각은 나반존자를 모신 전각이다. 나반존자 기도처로 소문이 난 곳인 청도의 운문사 사리암에 순례를 갔을 때 보았던 천태각과 같은 이름이라 낯설지가 않았다. 나반존자는 석가모니 부처님이 열반에 든 뒤 미륵부처님이 세상에 나타나기 전까지 중생제도의 원력을 세우고 천태산 위에서 홀로 선정을 닦았다고 한다.

천태각 안으로 들어가니 돌로 조성된 나반존자상이 모셔져 있다. 천태각 참배를 마치고 나와 편안한 마음으로 삼천사 주변의 산하를 보니 우거진 숲과 청명한 하늘이 한눈에 들어온다.

이렇게 오랜만에 찾은 삼천사 순례를 마치고 다음 목적지를 순례하고자 등산로로 접어들었다.

04

마애석가여래좌상이 있는
삼각산 승가사

승가사 대웅전

삼천사 순례를 마치고 승가사를 순례하고자 삼각산 계곡을 따라 만들어진 등산로로 진입해 비봉碑峰 쪽으로 향했다. 비봉은 이곳에서 3km 정도 거리에 있는 산 정상이다. 등산로를 따라 계곡을 오르다가 널찍한 바위에 앉아 햄버거로 아침을 먹으며 허기를 달랜 후 산을 올랐다. 사모 바위에서 숨을 고른 뒤 비봉에 도착하니 12시경이다.

　비봉에는 국보 제3호로 지정된 진흥왕 순수비眞興王巡狩碑가 서 있다. 이 비석은 신라 진흥왕이 새로이 확보한 영토의 국경을 직접 둘러본 사실을 기념하기 위해 세운 것으로 조선시대의 명필인 추사 김정희秋史 金正喜에 의해 발견되었다고 한다.

　이곳 비봉에 서서 사방으로 내려다보이는 서울의 모습을 눈에 담고 감상하는 기쁨을 누렸다. 진흥왕 순수비 옆에 서서 인증샷을 만들고 삼각산 능선을 따라 걷다가 갈림길에서 승가사 쪽으로 향했다.

　능선의 갈림길에서 승가사까지의 거리는 700여 미터이다. 가파른 계곡을 따라 조심하며 내려오니 절 근처에 다가왔음을 알 수 있는 목탁 소리가 들린다. 조금을 더 내려가 승가사 입구에 도착했다.

승가사 조감도

승가사僧伽寺는 신라 경덕왕 15년인 756년에 수태秀台가 창건한 절이다. 창건 이후 고려의 선종, 숙종을 비롯한 많은 왕이 행차한 바가 있고, 조선 초기에는 고승 함허를 배출한 절이기도 하다. 또 조선 후기에는 이 절에서 배출된 성월이 불교를 크게 중흥시키기도 했다. 기도처로도 널리 알려진 승가사는 한국전쟁 당시 모두 소실되고 나서 새로이 중창해 오늘에 이르고 있다. 현재 대한불교조계종 본사 조계사의 말사이다.

'삼각산 승가사三角山 僧伽寺' 편액이 걸려 있는 일주문을 통과해 절 안으로 들어섰다. 매우 가파른 계단길의 언덕을 오르니 청운교가 나온다. 숨을 몰아쉬는 방문객들을 향해 내려오던 노보살이 "즐거운 마음으로 오르세요" 하고 격려의 멘트를 날린다. 이곳부터 가파른 108계단을 오르니 거대한 9층탑이 서 있다. 이곳에서 다시 나무데크로 만든 계단길을 가파르게 올라 절마당에 도착했다.

절마당 입구의 게시판에 붙어 있는 글에 시선이 갔다.

'흐르는 물은 항상 가득하지 않고
맹렬한 불도 늘 타는 것 아니며
해는 떴다가 어느덧 지고
보름달도 찼다가는 기우나니
부귀하고 영화로운 이도
덧없음이 이보다 더 하니라
마땅히 부지런히 정진하여
부처님께 예배하여라'

절마당 건너편의 대웅전으로 향했다. 법당에 들어가니 중앙에 석가모니불이 주불로 모셔져 있고 그 좌우에 협시불로 관세음보살과 대세지보살이 모셔져 있다. 참배를 하고 천수경을 독경한 후 석가모니 삼존불 양옆에 모셔 놓은 불탱이 궁금해 법당보살에게 다가가 물었다. 좌측에 있는 불탱은 칠원성군이고 우측의 불탱은 나반존자란다. 여느 절 삼성각에서 보는 칠원성군과 나반존자가 대웅전에 모셔져 있어 특별하다는 생각을 했다.

대웅전 오른쪽의 영산전으로 발걸음을 옮겨 법당에서 참배하고 대웅전 왼쪽으로 향했다. 대웅전 뒤에 몇몇 보살들이 둘러앉아 놋촛대와 놋그릇 등 불구들을 닦고 있다. 그들에게 마애불상이 있는 곳을 물으니 계단을 꽤 올라가면 있단다.

계단 왼쪽에 서 있는 지장전을 참배하고 나와 몇 계단을 오르니 오른쪽에 석굴법당이 있다. 석굴입구에 약사전이라고 쓰여 있다. 안내 글을

석조승가대사좌상

보니 이 석굴은 석조승가대사좌상을 모신 곳이다. 이 석조좌상은 고려 현종 15년인 1024년에 조성된 것으로, 보물 제1000호로 지정되어 있다.

승가대사僧伽大師는 원래 서역의 승려로 당나라에서 많은 신도의 존경을 받으며 활동한 뛰어난 승려이다. 그는 죽은 뒤에 십일면관음보살의 화신으로 숭배되어 가뭄과 홍수를 다스리며 병을 낫게 하는 영험한 존재로 인정받았단다. 석굴법당 안으로 들어가 참배를 하고 살펴보니 머리에 두건을 쓰고 몸에는 가사를 입은 모양의 나한석상이 모셔져 있다.

약사전 옆에는 향로각이라는 둥근 모양의 전각이 있다. 여느 사찰에서 볼 수 없는 특이한 모양의 전각형태이다. 그 안으로 들어가 창문으로 창밖을 보니 멀리 계단 꼭대기에 있는 마애여래좌상이 눈에 들어온다.

향로각 참배를 마치고 나와 돌계단을 오르기 시작했다. 중간에 만들어 놓은 다리인 쌍룡교와 연화교를 통과해 108계단을 가파르게 오르니 거대한 화강암 바위에 새겨 놓은 장대한 규모의 마애석가여래좌상이 발아래 깔린 서울을 굽어보고 있다.

1 마애석가여래좌상
2 석조여래좌상으로 오르는계단

이 불상은 고려 초기인 10세기경 조성된 것인데, 비슷한 시기에 조성된 마애불상 가운데 제작기법과 규모가 뛰어나다고 한다. 보물 제215호로 지정된 이 마애불상은 높이 5.94미터, 무릎 너비 5.04미터에 이르는 큰 규모와 위엄 있는 모습으로 보아 석굴암의 본존불상이나 국립중앙박물관에 있는 광주철불의 형식을 따른 것이라고 한다.

참배를 마치고 다시 108계단을 내려오면서 눈 앞에 펼쳐지는 삼각산의 아름다운 모습을 기쁜 마음으로 감상하며 카메라에 담았다. 계단을 내려와 대웅전 건너에 있는 범종루에 올라 절 뒤를 바라보니 삼각산 마애불을 오르는 계단길이 선명하게 눈에 들어온다. 앞을 내려다보니 삼각산의 아름다운 자태가 펼쳐져 있다.

서울·경기·인천지역 순례

시간을 보니 오후 1시까지인 공양시간이 끝나가고 있다. 허기가 느껴져 공양간으로 내려가 비빔밥으로 공양을 맛있게 먹었다. 밖으로 나와 한숨 돌리며 게시판을 보니 '충고'란 제목의 글이 붙어 있다.

'남에게 충고하려면 5가지를 생각해야 한다.
첫째로 알맞은 때를 가려서 충고해라.
둘째로 거짓 없이 진심으로 충고해라.
셋째로 부드러운 말로 충고해라.
넷째로 의미 있고 도움되는 말로 충고해라.
다섯째로 인자한 마음으로 충고해라.'
-증지부경전-

가파른 나무계단을 내려와 9층석탑을 자세히 둘러보고 하산하기로 했다. 등산을 겸해서 왔으니 그냥 삼각산의 풍광을 즐기며 구기동 계곡으로 내려가기로 했다. 계곡 물소리에 취하면서 산길을 걸어서 구기동 버스정류장까지 1시간여를 내려왔다. 버스를 타고 멀지 않은 전철역인 녹번역에서 내렸다.

삼각산 내의 사찰순례를 등산하면서 무사히 해냈다는 기쁜 마음으로 전철에 몸을 실었다.

9층탑

05

한강 두물머리를 조망하는
운길산 수종사

응진전

경기도 구리역에서 용문행 전철을 타고 20여 분 달려 운길산역에서 내렸다. 북한강과 남한강이 만나는 지역인 양수리의 소위 '두물머리'를 제대로 내려다볼 수 있는 남양주의 운길산 수종사를 다녀오기 위해서다. 대한불교조계종 제25교구 본사인 봉선사의 말사인 이곳 수종사는 몇 차례 다녀갔던 곳이다.

승용차로 다녀갔을 때와는 달리 오늘처럼 전철을 타고 걸어서 운길산을 오르니 맛이 색다르다. 역에서 출발하면서 편의점에서 생수 한 병을 사면서 수종사까지 걸어서 얼마나 걸리는지를 물으니 50여 분 걸린단다. 승용차로는 역에서 15여 분 정도 걸리는데 말이다. 몇 년 전에 부모님과 함께 이곳에 왔던 기억이 떠오른다. 두 분을 모시고 승용차로 기분전환도 할 겸 한강변을 30여 분 달려 근처 운길산 수종사를 차를 몰고 올라갔다.

오래전 수종사에 왔던 기억을 갖고 계시는 아버지와 어머니는 아들과 함께한 나들이에 기분이 좋아 보이셨고, 두 분을 모시고 간 나도 덩달아 기분이 좋았다. 주차장에서 사찰경내로 이르는 길이 조금은 가팔랐다. 어머니는 멀쩡했으나 힘들어하는 아버지는 부축을 받고서야 사찰경내에 도착할 수 있었다. 자식으로서 마음이 편치 않았다. 절마당에서 쉬고 계시던 아버지가 한 말씀을 건네신다.

"이곳 수종사에 오는 것도 이번이 마지막이다."

힘들어하는 부모님과 함께 마지막이 될 수도 있는 기념사진 한 장을 찍고 수종사를 빠져 나왔다. 아버지는 그 후 당신의 말씀처럼 다시 수종사를 못 와 보고 돌아가셨다.

이런 기억을 곱씹으며 등산로를 따라 얼마를 걸었다. 길가에 '슬로시티길'이라는 안내표지판이 나온다. 심호흡을 하고 나서 능선을 따라 조금을 더 걸으니 가파른 길과 마주친다. 차를 갖고 수종사를 가게 되는 경우 이 길을 따라 오르게 된다. 40여 분을 걸어서야 절 입구에 도착했다.

'운길산 수종사雲吉山 水鐘寺'라고 현판이 붙어있는 일주문을 통과해 들어가 '명상의 숲'이라고 이름 붙여진 숲길을 걸었다. 얼마를 걸으니 6미터 크기의 석조미륵입상이 반갑게 맞이한다. 이렇게 명상하며 걸어서 도착한 곳은 불이문不二門이다.

불이문에서 200여 계단을 올라 수종사 사찰경내의 마당으로 들어섰다. 마당 옆의 바위모퉁이에 '설두조고舌頭照顧'라는 글귀가 적혀 있는 기왓장이 놓여 있다. 그 글귀는 '말씀은 가만가만, 걸음은 조용조용'이라는 뜻이다. 넓지 않은 마당에서 수종사의 모습을 눈에 담고자 했다.

수종사水鐘寺는 창건연대가 확실하지 않다. 세종 21년인 1439년에 조성된 정혜옹주의 부도로 그 연대를 추정할 뿐이다. 그 뒤 세조 4년인 1458년에 왕명으로 크게 중창되었다고 한다. 세조가 이곳에 중창불사하게 된 사연이 재미있다.

서울·경기·인천지역 순례

불이문

　금강산 순례 후 돌아오는 길에 세조는 지금의 양수리 부근에서 하룻밤을 보내게 되었다. 그날 한밤중에 은은한 종소리를 듣게 된 세조는 기이하다고 생각하고, 날이 밝자 그 종소리를 따라 발걸음을 옮겼다. 종소리가 들리는 곳은 바위굴이었고, 거기에는 18나한이 앉아 있었다. 이 바위굴 속에서 물방울 떨어지는 소리가 마치 종소리 같았던 것이었다. 기이하게 여긴 세조는 왕명을 내려 그곳에 절을 짓고 이름을 수종사水鐘寺라 했다고 한다.

　지금의 수종사는 고종 27년인 1890년에 혜일스님이 중건한 이후 한국전쟁 때 전소된 것을 1974년부터 중건한 것이다.

　응진전을 오르는 계단 옆으로 개구리형상의 돌 조각물이 입에서 약수를 토해내고 있다. 항상 물줄기가 마르지 않는 약수인데, 이곳 근처에 수종사를 중창하게 된 사연을 지닌 바위굴이 있었다.

　지금은 당시의 흔적을 찾을 수 없지만, 약사전 오른쪽에 바위굴 속에 있는 18나한을 꺼내 모셨다는 응진전이 있다. 법당을 들어가니 흰색의 삼존불좌상이 모셔져 있다. 현재불인 석가모니불을 주불로 그 우측에 과거불인 제화갈라보살, 좌측에 미래불인 미륵보살이 모셔져 있다. 그리고 삼존불상 좌우로 16나한이 모셔져 있다.

응진전에서 바라 본 두물머리전경

　응진전을 참배하고 나서 왼쪽의 가파른 계단을 올라 산령각으로 향했다. 이곳은 산신을 모신 전각이다. 참배하고 나와 전각 앞에서 내려다보는 북한강과 남한강이 만나는 곳인 두물머리의 풍광이 아래 절마당에서 보는 것보다 더욱 아름답다.

　마당에는 보물 제1808호로 지정된 8각5층석탑이 있는데, 현재까지 확인된 조선시대 석탑 중 유일하게 고려시대의 석탑모습을 간직하고 있다. 그 옆에는 최근에 보물로 지정된 팔각원당형 사리탑이 있다. 사리탑 내에서 발견된 유물인 청자유개호, 그 안에 있던 금동제9층탑과 은제도금6각감은 일괄유물로 보물 제259호로 지정되어 있다.

　대웅보전에는 삼신불로 중앙에 주불인 비로자나불, 그 좌우에 석가모니불과 노사나불이 모셔져 있다. 비로자나불은 태양의 빛이 만물을 비추듯 우주의 삼라만상을 비추며 일체를 포괄하는 법신불이다. 석가모니불은 중생을 구제하기 위해 여러 가지 형상으로 변하는 화신불이다. 노사나불은 오랜 수행으로 무궁무진한 공덕을 쌓고 나타난 보신불이다.

사리탑과 팔각2층석탑

　마당에 삼정헌三鼎軒이라는 무료찻집이 있다. 이곳에 들어가 직접 찻잎을 우려 차를 한잔하면서 몸과 마음을 추슬렀다. 이곳에 앉아 통유리를 통해 두물머리 강을 쳐다보며 몇 년 전 부모님과 함께 수종사에 왔었던 기억을 떠올려 본다. 찻집을 나와 우측으로 마당을 내려가니 범종각 옆에 세조가 직접 심었다는 500년 된 은행나무가 수종사의 역사를 말해 주듯이 버티고 서 있다.

　다시 수종사에 오리라 생각하면서 순례를 마무리하고 산길을 내려와 운길산역으로 향했다.

06

관음기도도량
아차산 영화사

영화사의 아름다운 모습

따로 사시는 어머니를 자주 뵙고자 하지만 그렇지 못하다. 격주로 찾아뵙고 식사를 하고 대화를 나누고 건강을 확인하곤 한다. 오늘 날씨를 보니 짙푸른 색깔로 청명하다. 어머니와 함께 걸어서 구리시청 근처의 식당으로 향하면서 아차산峨嵯山을 종단해 영화사를 순례하자고 마음을 먹었다.

점심을 먹고 어머니와 헤어진 나는 아차산 둘레길로 접어들어 만해 한용운韓龍雲 등 애국지사들이 잠들어 있는 애국지사묘역을 거쳐 아차산의 숲속을 마음껏 즐겼다. 아차산 끝자락에는 삼국시대에 세워진 고구려의 보루유적들이 있고 의상대사義湘大師가 수련했던 곳으로 알려진 천연암굴도 있다. 이곳 지역의 지배권을 놓고 고구려 백제 신라의 치열한 쟁탈전이 벌어지기도 했다.

출발한 지 3시간여가 지나 아차산 관리사무실 쪽으로 내려와 영화사에 도착했다. 영화사永華寺는 한강이 내려다보이는 소나무 향이 그윽한 아차산 남서쪽 기슭에 자리하고 있다. 숲이 무성하고 아름다운 자연환경으로 많은 이들의 마음을 다스리는 안식처로 소문나 있다.

이러한 유서 깊은 아차산에 있는 영화사는 신라 문무왕 12년인 672년에 용마봉 아래 의상대사가 창건한 절이다. 그 당시의 이름은 화양사였다. 조선 태조 4년인 1395년 이 절의 등불이 궁궐까지 비친다는 이유로 산 아래의 군자봉으로 이전하였다가 1907년에 현 위치로 옮기고 지금의 이름인 영화사란 이름이 붙여지게 되었다. 1992년부터 조계종 총무원장을 지낸 송월주 스님이 주석하면서 대대적인 중창불사가 이루어져 오늘에 이르고 있다. 현재 대한불교조계종 직할교구 본사인 조계사의 말사이다.

1999년에 건립했다는 일주문으로 들어서는데 '아차산 영화사峨嵯山永華寺'란 한자현판이 걸려 있는 절마당에는 400여 년 되었다는 느티나무가 방문객을 반기고 있다.

절마당 중앙에 대웅전이 장엄하게 서 있다. 법당 안으로 들어가니 석가모니불을 중앙에 모셔 놓고 있다. 그 좌우에는 일체중생의 고통을 대자대비로 구제하여 주시는 관세음보살과 지옥중생을 구제하여 주시는 지장보살을 모셔 놓고 있다.

석가모니 부처님은 35세에 성불하신 후 80세가 되던 해에 열반하실

대웅전 삼존불

삼성각

때까지 45년 동안 많은 이들에게 법을 설하며 몸소 자비를 구현하셨다. 석가모니 부처님은 큰 힘이 있어 모든 장애와 마군을 항복받으므로 대웅大雄이라고 한다.

　법당에 들어가면 먼저 촛불을 밝히고 향을 사르고 올린 후 부처님께 합장하여 세 번 이상 절을 한다. 그러고 나서 이제까지의 죄업을 참회하고 앞으로의 선행을 생각하며 가만히 앉아 기도하거나 좌선을 한다. 선禪은 순수한 집중을 통해서 인간의 존재를 실상으로 자각하는 길이다. 석가모니 부처님은 지혜와 복덕을 성취하신 인간이요 우리는 그가 설하신 교법을 믿고 그 가르침에 의하여 그이와 같은 인격자가 되려고 하는 것이다.

　법당에서 향을 사르고자 하니 향이 없다. '누구나 법당에서 향을 사를 수 있도록 향이 담긴 통이 법당에 놓여있으면 어떨까?' 하는 생각을 했다.

　법당참배를 한 후 밖으로 나오니 옆문 외벽에 그린 벽화에 눈길이 간다. 자세히 보니 부처님의 전생부터 열반에 이르기까지의 모습을 이해하기 쉽게 보여 주는 팔상도가 모셔져 있다. 도솔래의상, 비람강생

1 미륵전 2 미륵전의 미륵불입상

상, 사문유관상, 유성출가상, 설산수도

상, 수하항마상, 녹원전법상, 쌍림열반상이 그려져 있고 그에 대한 자

세한 설명도 씌어 있다.

보은 법주사나 공주 갑사에는 팔상전을 별도로 만들어 그 안에 그림

으로 팔상도를 모시고 있고, 화성 신흥사에는 교화공원에 석물로 팔상

도를 모셔 놓고 있다. 반면에 이곳은 석가모니불을 주불로 모신 대웅

전의 외벽에 팔상도를 모셔 놓고 있는 것이 독특하다.

대웅전 뒤의 계단을 올라 삼성각으로 향했다. 단청의 색이 바랜 오

래된 전각인데 편액이 잘 읽히지 않는다. 전각 안으로 들어가니 칠원

성군을 중앙에 모시고 그 좌우에 산왕대신과 독성인 나반존자를 모셔

놓고 있다. 이곳 삼성각의 독성탱화는 천태산에서 수행하는 나반존자

를 그린 불화로 상궁들이 시주하여 1880년에 조성된 것이다.

마당을 가로지르면 법종루 왼쪽에 '미륵전' 표지석과 함께 돌계단길

이 있다. 숲속에 조성된 108계단을 올라가니 산 중턱에 조그만 전각이

있다. 법당 안에는 높이 3.5미터의 미륵석불입상이 있다. 고려 말에 화

강암으로 조성된 석조미륵불상이란다.

세조가 이 불상 앞에서 기도하여 지병을 치유했다고 전해진다. 그래서인지 '소원성취하는 영험 있는 기도처'로 널리 알려져 항시 기도객이 끊이지 않는 곳이란다. 법당 안으로 들어갈 수는 없고 전각 계단아래 마당에 그늘막을 만들어 놓아 기도객들이 기도할 수 있도록 하고 있다.

많은 참배객들 틈에서 참배를 마치고 계단을 내려와 범종각 뒤쪽을 보니 특이한 비가 서 있다. '석탄일 공휴제정기념비'이다. 1975년 1월 14일 국무회의 의결에 따라 동년 석가탄신일부터 공휴일로 제정된 것을 기념하여 1986년에 건립된 기념비이다.

절마당 설법전 옆의 종무실로 향했다. 입구에 '양초무인판매대'가 있다. 신도의 양심을 믿고 초를 무인으로 판매하고 있다. 종무소에 들어가 영화사를 소개하는 자료를 얻고 싶다고 말하니 종무소 보살이 '아차산 영화사 연혁'이라고 쓴 자료 달랑 한 장을 건네준다.

영화사 순례를 마치고 절을 빠져나오는데 머리에 곡성의 태안사를 순례하면서 보았던 '나를 다스리는 법' 글이 떠오른다.

'나의 행복도 나의 불행도 모두 내 스스로 짓는 것,
결코 남의 탓이 아니다.
나보다 남을 위하는 일로 복을 짓고,
겸손한 마음으로 덕을 쌓아라.
모든 죄악은 탐욕貪과 성냄瞋과 어리석음痴에서 생기는 것,
늘 참고 적은 것으로 만족하라.
웃는 얼굴, 부드럽고 진실된 말로 남을 대하고

모든 일은 순리를 따르라.

…

내가 지은 모든 선악의 결과는 반드시 내가 받게 되는 것,

순간순간을 후회 없이 살아라.'

　전철을 타기 위해 광나루역 쪽으로 산길을 걸어 내려오는데 주변의
동네 모습이 옛날 그대로의 모습을 간직하고 있다. 잠시나마 옛 추억
을 더듬으며 전철역으로 향했다.

석탄일 공휴제정기념비

　　　　　　　　　　　　　　　서울·경기·인천지역 순례

07

불교계율의 맥을 이어 온
삼각산 경국사

은행나무와 경국사

서울 정릉貞陵에서 가까운 곳에 있는 경국사를 순례하기로 하고 집을 나섰다. 전철로 '북한산보국문역'에서 내려 출구를 나와 길을 건너 조금을 걸으니 바로 경국사 입구다. 북한산에서 흘러내리는 맑은 물인 정릉천 위에 놓인 극락교를 지나니 사찰에 들어서는 산문 가운데 첫 번째 문인 일주문이 서 있고 '삼각산 경국사三角山 慶國寺'란 편액이 걸려 있다. 일주문의 기둥이 여느 절처럼 돌 위에 나무기둥을 세운 것이 아니라 용 조각이 새겨진 하나의 거대한 돌기둥으로 되어있다.

일주문을 통과해 울창한 소나무 숲속을 걷는 것 자체만으로도 힐링이 되는 것 같다.

일주문

경국사慶國寺는 고려 충숙왕 12년인 1325년에 자정율사慈淨律師가 창건한 절인데 그 당시의 이름은 삼각산 푸른 봉우리 밑에 지었다 하여 청암사였다. 창건주 자정율사는 계율에 정통하였고 법화

1 관음성전 2 목 관음보살좌상

와 유식 등에도 조예가 깊었다고 한다.
1349년 태고보우국사太古普愚國師가 중
국에 가서 법을 전해 받고 귀국하여
경국사에서 공민왕으로부터 금란가사
와 주장자를 하사받고 국사가 되었다.

그 후 조선 인종 1년인 1545년에 왕
실의 도움을 받고 또 그 1년 뒤인 명종 1년 1546년에 문정왕후의 적극
지원으로 대대적인 중창이 이루어지게 되었다. 이때 불사를 하면서 국
가의 경사스러움이 끊이지 않도록 기원한다는 뜻을 담아 절의 명칭도
경국사로 바뀌게 되었다.

그 뒤 1793년 태흘이 크게 중수하였고, 1921년부터 단청과 탱화에
대가였던 보경스님이 1979년부터는 지관스님이 절을 중흥시켰다. 현
재 경국사는 대한불교조계종 직할 교구본사인 조계사의 말사이다.

울창한 숲 길가에 조성된 부도군과 샘터를 지나 조금을 오르니 왼쪽
에 범종각이 나온다. 그 옆의 길을 따라 오르니 여덟 칸짜리 큰 건물이

눈에 들어온다. '관음성전'이란 커다란 편액이 걸려 있다. 오른쪽으로
돌아 이승만 대통령의 친필로 만든 '경국사慶國寺'란 편액이 걸려 있는
넓은 관음성전 법당으로 들어갔다. 법당 안 유리상자 안에 목관음보살
좌상이 모셔져 있다. 이 불상은 조선 숙종 29년인 1703년에 나무로 조
성된 관음상이다. 크기는 70센티미터로 지금 현재 서울시 유형문화재
제248호로 지정되어 있다.

1980년 새롭게 개금할 때 보살상의 몸속에서 조성발원문이 발견되
었는데 '전라남도 영암의 도갑사에서 색난 비구가 조성하고, 월출산 도
갑사 견성암에 옮겨 모셨다'고 기록되어 있다. 이 기록을 보면 월출산
도갑사 산내 암자에 보관되어 있던 관세음보살상임을 알 수 있다. 이
보살상은 조성시기와 최초의 봉안처를 알 수 있고, 조선 후기인 17세기
의 불교조각을 대표한다고 한다.

참배 후 절마당으로 들어가니 중심전각인 극락보전이 서 있다. 법당
으로 들어가니 목각삼존불상이 모셔져 있다. 중앙에는 아미타여래불,

극락보전내 목각 삼존불상파 아미타여래설법상

그 좌우에 관세음보살과 대세지보살이 모셔져 있다. 그리고 삼존불 뒤에는 목각아미타여래설법상이 봉안되어 있는데 보물 제748호로 지정되어 있다.

목각탱은 조선후기에 나타나기 시작한 우리나라만의 특이한 양식이다. 불상 뒤에 걸린 불화를 비롯해 법당의 벽에 걸린 그림을 탱화라고 하는데, 목각탱은 그림을 나무에 새긴 것으로 벽에 걸려 후불탱화와 같은 기능을 한다. 얼마 전에 다녀온 경북 문경의 대승사에서 본 목각탱은 2017년 국보로 지정되어 있다. 지금 현재 현존하는 목각탱은 몇 점뿐이라고 한다. 삼존불 좌우의 벽면에는 부처님의 일생을 8개의 그림에 담은 팔상성도가 붙어 있다.

이곳 경국사는 태조 이성계의 왕후였던 신덕왕후가 잠들어 있는 정릉의 원찰이다. 법당 안에서 한 거사가 일본인들을 대상으로 이성계와 신덕왕후에 얽힌 러브스토리인 '버들잎 설화'를 재미있게 설명해 주고 있다.

조선건국 전 함경도에서 호랑이 사냥길에 나선 이성계 장군이 목이 말라 우물가에 도착해 마침 이곳에 있던 여인에게 물을 청했다. 여인은 물바가지에 담긴 물 위에 버들잎을 띄워서 건넸다. 그 이유를 묻는 장군에게 여인은 "먼 길을 말을 타고 달려왔는데 물을 급히 마시고 체할까 걱정되어 천천히 물을 마시도록 버들잎을 띄웠습니다"라고 말했다. 이에 감동한 이성계는 그 여인을 아내로 삼았다.

이 아내가 이성계의 후처로서 조선왕국의 개국공신인 신덕왕후이다. 본처의 다섯째 아들인 방원은 태종이 된 후 죽은 신덕왕후 강씨를 후궁의 지위로 격하시키고 지금의 영국대사관 자리인 정동의 신덕왕후릉을 사대문 밖인 이곳으로 옮기고 방치했다. 현종 10년인 1669년에 송시열의 상소로 후궁 강씨를 왕비로 복원하고 무덤도 정릉으로 복원되었다. 정릉의 원찰로 경국사를 지정하였다고 한다.

극락보전을 나오니 왼쪽에 삼성보전이 있다. 보통 절에는 삼성각이 있어 독성, 산신, 칠성을 모시고 있는데, 이곳 전각에는 미륵불, 치성광여래, 약사여래 등 흰색의 작은 삼존상을 모셔 놓고 있다.

참배를 마치고 나와 극락보전 옆의 돌계단을 올라 영산전으로 향했다. 영산전에는 가운데 석가모니불이, 그 좌우에 사자를 탄 문수보살과 코끼리를 탄 보현보살이 모셔져 있다. 그리고 그 양쪽에 가섭과 아난이 또 그 좌우로 16나한이 모셔져 있다. 문수보살은 지혜의 완성을 상징하는 화신으로 중생을 끊임없이 제도하여 보리를 깨닫고 정각을 이루게 한다. 보현보살은 부처님의 행원을 대변하는 보살로, 모든 부처님의 본원력에 근거하여 중생 이익의 10대원을 세워서 수행하는 것을 그 의무로 삼고 있다.

우리에게는 독성각으로 널리 알려진 전각인 천태성전으로 발걸음을 옮겼다. 숙종 19년인 1693년에 연화 승성선사에 의해 창건되었다는 기록이 있는 사적기가 발견되었는데 우리나라에서 가장 오래된 독성각 건립자료라고 한다.

이어서 고종 5년인 1868년에 건립된 칠성전과 산신각을 참배한 후 명부전으로 향했다. 명부전 법당 한쪽 벽에는 특이하게도 중국 요나라 관음보살이 모셔져 있다.

절마당에 서니 전각배치가 오밀조밀하게 되어있다. 안내자가 한 말이 생각난다. 이곳이 풍수지리적으로 천하명당 중의 명당터란다. 여인의 자궁과 같은 곳이란다. 밖으로 나가는 마당의 계단길은 여성의 산도인 질에 해당한단다.

이렇게 경국사 순례를 마무리하면서 종무소에서 얻은 자료 속에 있는 '보시'라고 하는 제목의 인환스님의 글이 마음에 와닿는다.

'보시라는 것은 재물이나 물건만 주는 것뿐 아니다.
마음만 낸다면 누구나 쉽게 할 수 있는 보시가 얼마든지 있다.
예를 들어 누구에게나
미소 띤 부드러운 얼굴, 친절한 말, 정성스러운 마음을 주는 생활이야말로
언제나 누구에게나 줄 수 있는 것이므로 늘 실천해야 한다.'

스님 말대로 우리가 살아가면서 마음만 먹으면 쉽게 실천할 수 있는 일들이라는 생각을 하며 늘 실천에 옮겨야지 다짐해 본다.

관음성전 앞마당에는 200여 년 된 보리수나무가 노랗게 물든 단풍잎을 흩날리고 있다. 만추의 계절을 만끽하며 숲길을 걸어 경국사 순례를 마무리하고 절을 빠져 나왔다.

08

지장보살 상주도량
양주 육지장사

육지장사 전경

정기적인 방생법회에 참석하기로 하고 아침 일찍 경기도 양주楊州의 마장저수지 근처의 육지장사로 향했다. 일행을 태운 버스는 고속도로를 달려 송추IC로 빠져나가 장흥쪽 팔일봉 남쪽 골짜기에 자리 잡은 육지장사에 도착했다.

눈앞에 장엄한 모습의 일주문이 나타난다. '도리산 육지장사初利山 六地藏寺'란 파란 바탕에 황금색 글씨로 쓴 현판이 일주문 상단에 걸려 있다. 일주문으로 들어서니 왼쪽에 '만월'이란 제목의 시비가 서 있다. 이 절을 창건한 정산 지원스님의 작품이다.

'행여 이 산중에 당신이 올까 해서
석등에 불 밝히어 어둠을 쓸어 내고
막 돋은 보름달 하나 솔가지에 걸어 뒀소'

일주문을 지나 언덕길을 오르면 부도들이 길 양쪽으로 도열해 있다. 부도가 줄지어 있는 숲속의 가파른 길을 조금 오르니 절마당이 나타난다.

육지장사는 지장보살의 현몽으로 지원스님이 2003년에 창건한 절이다. 자료를 보니 도리산 도리천궁이라고 부르기도 한다. 풍수적으로도 명당 중의 명당이 이 지역이란다. 대웅전 좌향은 정남향이고 좌측엔 큰 인재를 배출하고 출세의 근간이 될 기운이 함축되어 있으며 우측엔 복록과 덕의 상징인 백호 등이 두 봉우리를 감싸고 있다고 한다. 이를 알려주듯 '좋은 기운을 받고 나쁜 운명을 피하는 특별한 장소'라는 현수막이 보인다.

원래 지장보살은 도리천에서 석가여래의 부탁을 받고 미륵불이 출현할 때까지 중생을 제도하기 위해 백천 가지의 모습으로 나투시어 구제하신다. 그중에 대표적인 여섯 가지 모습이 아귀세계에 보주寶珠지장보살, 지옥세계에 단타檀陀지장보살, 축생세계에 보인寶印지장보살, 아수라세계에 지지持地지장보살, 천상세계에 일광日光지장보살, 인간세계에 제개諸蓋지장보살 등 육지장이다.

육지장사六地藏寺는 이곳에 육지장六地藏 6만 불을 봉안하였다는 뜻으로 사찰이름을 삼은 것이다.

전각 옆에 '모유정'이라는 샘물터가 있다. 명칭이 특이하다. 이곳 도리산의 형세가 어머님의 젖무덤 같아서 여기에서 나오는 약수를 모유정 약수라 이름하였다고 한다. 이 약수는 청정감로수로 섭씨 4도만 되어도 육각수가 만들어져 나온단다. 그

일주문

래서인지 약수 한 바가지를 작심하고 들이키니 맛이 정말 감로수처럼
달다.

커다란 두 전각사이의 넓은 마당에는 양쪽으로 도리천에 산다는 천
구天狗상이 서 있다. 글자 그대로 '도리천에 사는 하늘개'인 천구는 이승
과 저승을 드나들며 지장보살의 명에 따라 갈길 몰라 헤매는 자에게 길
을 안내해 주고 허공을 헤매는 외로운 영혼을 인도해 주는 행운의 안내
자이다. 몸이 아픈 자는 천구를 만지면 몸이 낫는다고 한다.

천구 뒤에는 법성게도法性偈圖가 그려져 있다. 의상대사의 화엄경 법
성게도는 200여 권으로 된 화엄경의 내용을 30절 210자로 만들고 우주
법계에 대한 진리를 그림으로 나타낸 것이다. 법성게도는 법法자로 시
작해서 불佛자로 끝난다.

'눈 밝은 선지식이 어리석은 중생의 손에 실을 감게 하고 그 실을 따
라가면 마침내 깨달음에 이르게 된다'는 의미를 담고 있는 이 법성게도
를 한 번 돌면 화엄경을 한 번 읽은 공덕과 같다고 한다. 나도 법성게도
를 따라 걸으며 그 의미를 곱씹고자 했다.

대웅보전과 부속건물로 연결되는 49옥계단과 마당에는 온통 옥돌
이 깔려 있다. 옥은 몸에 좋은 원적외선과 마그네슘을 발산한다. 49옥
계단을 올라서면서 지장보살님을 염송하면 전생과 현세의 모든 죄업
이 소멸되고 예수제를 지낸 것과 같은 공덕이 있다고 한다.

49옥계단을 올라가니 웅장한 대웅보전의 외곽삼면을 둘러 가면서
작은 범종들 108개가 모셔져 있다. 범종소리가 울려 퍼지면 시방세계

천구, 법성게도, 대웅보전의 모습

의 부처님과 보살들이 기뻐하고 고통과 고뇌에 찬 중생들은 괴로움에서 벗어나게 된다고 한다. 또 축생계와 지옥계에도 범종소리가 울리면 고통받는 것을 쉬게 되고 돌아가신 조상님들도 극락세계에 왕생한다고 한다.

아내와 함께 대웅보전의 왼쪽 끝부터 나무로 만든 망치를 들고 108개의 종을 일일이 치고 합장하면서 소원을 빌었다. 108개의 종 뒤 석단에는 6만 개의 조그만 불상들이 모셔져 있다.

대웅보전의 오른쪽에는 부처님의 진신사리탑이 있다. 미얀마에서 가져온 사리를 1998년에 모셔 놓은 탑이다. 사리는 수행이 깊고 덕이 높은 사람의 유골이다. 사리를 한 번 친견하면 부처를 직접 친견한 것과 같은 공덕을 짓는다고 한다.

범종각 앞에서 대웅보전 옆을 바라본다. 그 뒤쪽 모퉁이에 출세지장보살이 보인다. 일체중생의 소망을 성취시켜 준다는 보살이다.

거대한 대웅보전의 법당으로 들어가니 중앙에 석가모니불이 모셔져 있고 그 좌우로 육지장보살이 3분씩 모셔져 있다. 왼쪽에는 아귀세계에 나투신 화신인 보주지장보살, 지옥세계에 나투신 화신인 단타지장보살, 축생세계에 나투신 화신인 보인지장보살, 오른쪽에는 수라세계에 나투신 화신인 지지지장보살, 천상세계에 나투신 화신인 일광지장보살, 인간세계에 나투신 화신인 제개지장보살이 모셔져 있다.

대웅보전 참배를 마치고 나와 육지장사탑의 창건내용을 보니 이곳이 천상과 지옥 등 6도에서 여섯 가지 몸으로 나투어 일체중생을 교화 구제하시는 대비원력 지장보살의 상주도량임을 알 수 있다.

방생법회가 신흥사 회주스님인 성일 큰스님의 주도하에 절 입구의 공터에서 1시간여에 걸쳐 진행되었고 근처의 마장호수에서 미꾸라지 방생을 하였다. 회주스님의 법문을 끝으로 법회가 끝난 후 300여 신도들은 소풍을 나온 듯 삼삼오오 흩어져 각자 준비해 온 도시락을 나무 그늘에서 먹었다.

108 범종을 치는 보살

12시 30분 육지장사 지원 주지스님과의 만남을 위해 대웅보전으로 향했다.

주지인 지원스님은 '마음공부 하세요'라는 주제의 명쾌한 법문을 해 주신다. "자기의 마음 그릇의 크기만큼 축복을 받아들이니 마음의 그릇을 크게 만들도록 하

법문하는 지원스님

세요" 한다.

　하늘에서 누구에게나 축복의 비를 내리는데 종지 정도의 마음을 가진 사람은 종지만큼 축복의 빗물을 받을 것이요, 대접 정도의 마음을 가진 사람은 대접만큼 축복의 빗물을 받게 되고, 큰 양동이의 마음을 가진 사람은 큰 양동이만큼 축복의 빗물을 받아들인다. 그러니 축복의 비를 많이 받으려면 마음의 그릇을 넓게 만드는 마음공부를 하여야 한다. 법당에서 불교공부를 통해 마음공부를 하고 복 짓는 법을 배워서 마음의 그릇을 넓게 만들라는 말로 법문을 끝내신다.

　이렇게 육지장사순례를 마치고 지원스님의 안내로 근처에 있는 마장호수로 가 아름답게 조성된 호수둘레길을 걷고 나서 다음 목적지로 향했다.

09

영조의 효심이 깃든
파주 보광사

대웅보전

양주의 육지장사를 빠져나온 일행은 파주坡州 보광사를 순례하기로
했다. 파주 광탄 쪽으로 30여 분을 달려 파주의 한계령으로 불리는 고령
산 줄기의 가파른 뒷박고개를 넘어 절 입구에 도착했다.

산길로 들어서는데 제일 먼저 일행을 맞이한 것은 '해탈문解脫門'의
현판이 걸려 있는 문이다.

보광사普光寺는 신라 진성왕 8년인 894년 도선국사道詵國師에 의해 비
보사찰로 창건되었다. 고려 고종 2년인 1215년에 원진이 중창하고 불
보살상 5위를 조성하여 법당에 봉안하였다. 그 후 임진왜란 때 소실된
것을 광해군 4년인 1622년에 설미와 덕인이 중건하였고, 영조 16년인
1740년에 영조의 어머니인 숙빈 최씨 묘소인 소령원昭寧園의 원찰로 삼
아 대웅보전과 만세루 등을 중수하였다.

이후 수차례에 걸쳐 중수하여 오늘에 이르고 있다. 현재 대한불교조
계종 제25교구 본사인 봉선사의 말사이다.

해탈문을 지나 산길을 걸어 올라가는데 왼쪽에 부도전이 있다. 입적

한 스님들의 가르침과 공덕을 마음에 새기고 오래오래 기리기 위해 그 뜻을 찬탄하며 탑과 비를 세운 곳이다. 이곳에는 성파대종사탑이 있다. 성파대종사는 보광사에 주석하면서 군포교에 크게 기여하였다. 아울러 사회복지법인 '기로'를 설립하여 사회복지활동을 통한 불교의 자비정신을 실천해 온 스님이다.

조금을 더 산길을 오르니 절의 모습과 함께 '고령산 보광사古靈山 普光寺'현판이 걸린 일주문이 눈에 들어온다.

절마당으로 들어가 빛바랜 오래된 모습의 대웅보전으로 발걸음을 옮겼다. 이 전각은 돌로 높게 쌓은 기단 위에 앞면 옆면 각각 3칸의 규모로 지어진 서향으로 앉아 있는 전각이다.

특이한 것은 대개의 절의 전각이 흙벽으로 되어있는데 이곳 대웅전의 벽은 다른 사찰에서 볼 수 없는 독특한 외벽을 지니고 있다는 점이다. 두꺼운 나무판으로 짜여 있으며 그 위에 그려진 벽화도 일반적으로 볼 수 있는 팔상도나 부처님 전생담이 아닌 다른 내용의 그림이다.

남쪽 벽 왼쪽에는 갑옷을 입고 투구를 쓴 채 긴 칼을 가로로 들고 있는 위태천이 그려져 있고, 가운데에는 해태로 보이는 커다란 짐승 위에 올라탄 천인을 그렸으며, 오른쪽엔 웃옷을 벗은 채 왼손에 긴 칼을 비켜 들고 두 눈을 부릅뜬 신장을 그렸다. 이 전각은 경기도 유형문화재 제83호로 지정되어 있다.

'대웅보전大雄寶殿' 편액은 영조대왕의 친필이라고 한다. 법당 안으로 들어가니 중앙에 아미타불, 석가모니불, 약사여래불 등 삼세불을 모셔 놓고 있고 그 좌우에 자씨미륵보살과 제화갈라보살을 모셔 놓고 있다.

1 대웅보전의 벽면모습
2 대웅보전 법당

참배하고 나서 법당 벽면을 둘러보니 현왕탱화, 감로탱화, 칠성탱화, 신중탱화, 독성탱화가 모셔져 있다. 법당을 나서면서 원효와 대안대사가 나눈 아미타경이야기가 떠오른다.

어느 날 원효가 대안大安대사를 만났더니 어미 잃은 너구리 새끼 몇 마리를 들고 있었다. 대안대사는 마을에 들어가 젖을 얻어 올 테니 새끼를 보살펴 달라고 부탁했다. 그런데 얼마 안 돼 새끼 한 마리가 굶주려 죽었다. 원효는 죽은 너구리가 극락왕생하라고 아미타경을 읽어 주었다. 그때 대안대사가 돌아와 원효에게 무엇을 하느냐고 물었다.

"이놈의 영혼이라도 왕생하라고 아미타경을 읽는 중입니다."
"너구리가 그 아미타경을 알아듣겠소?"

"너구리가 알아들을 경이 따로 있습니까?"

대안대사는 얼른 너구리에게 젖을 먹이며 말했다.

"이것이 너구리가 알아듣는 아미타경입니다."

-조오현 스님의 벽암록 역해-

대웅보전을 나와 오른쪽 언덕으로 올라가니 영조의 효심이 스며든 전각인 어실각이 있다. 숙종의 후궁이며 영조의 생모인 '숙빈 최씨 동이'의 영정과 신위를 모신 한 칸 규모의 전각이다. 숙빈 최씨는 7세에 궁에 들어가 궁녀가 된 이후 후궁인 숙빈에 봉해지고 숙종 20년인 1694년에 영조를 낳았다.

어실각은 영조 16년인 1740년에 보광사를 근처에 있는 숙빈 최씨의 묘소인 소령원의 원찰로 삼으면서 건립되었다. 어실각 앞에는 건립 당시에 함께 심었다는 300여 년 된 향나무가 서 있다. 멀리 한양에 있는 영조가 매일 이곳에 와서 향을 사르지 못하는 안타까움으로 자기를 대신하여 어머니를 지켜주기를 바라며 심은 나무란다.

이어서 원통전 응진전으로 향했다. 법당 안에는 석가모니불 등 삼존불을 모셔 놓고 그 좌우에 나한들이 모셔져 있다. 이어서 산신각으로 발걸음을 했다. 여느 절처럼 호랑이를 타고 있는 산신상이 모셔져 있다. 참배를 마친 후 지장전으로 이동했다.

지장전에는 1893년에 조성된 삼장탱, 즉 천장天藏, 지장地藏, 지지持地 보살탱이 모셔져 있다. 삼장신앙으로 발전하는 과정에서 탱화로까지 표출된 것이라고 한다.

참배를 마친 후 범종각으로 발걸음을 옮겼다. 이곳의 범종은 인조

어실각과 향나무

9년인 1631년에 주조한 것으로 보광사의 내력을 명문으로 담고 있다. 경기도 유형문화재 제158호로 지정되어 있다.

대웅보전 맞은편에 있는 만세루로 향했다. 만세루에 걸려 있는 색이 바랜 목어에 눈길이 간다. 머리는 용, 꼬리는 물고기의 모습을 하고 있다. 모습이 특이하다.

절마당 왼쪽 언덕을 오르니 석불전 전각과 함께 언덕에 석조미륵입상이 조성되어 있다. 석불전 참배를 마치고 약수터로 내려와 약수로 목을 축이고 설법전으로 발걸음을 재촉했다. 일행들과 함께 주지스님의 법문을 듣기 위해서였다. 탁 트인 목소리를 바탕으로 노래를 부르며 법문을 하시는 주지스님의 모습이 인상적이었다.

절을 빠져나오려는데 매점 앞에 낯익은 모습이 눈에 들어온다. 다가가 보니 산악인 엄홍길의 밀랍인형이다. 엄홍길(?)과 함께 재미있는 포즈로 사진 한 장을 찍고 절을 빠져 나왔다.

서울·경기·인천지역 순례

10
마애이불입상의
파주 용암사

일주문을 지나 산위로 보이는 마애이불

파주 보광사를 빠져나온 일행은 마애이불입상으로 유명한 사찰인 용암사로 향했다. 광탄으로 향하다 혜음령 고개를 넘어 절 입구에 도착했다.

'장지산 용암사長芝山 龍岩寺'란 편액이 걸려 있는 일주문이 일행을 반긴다. 산길언덕을 올라가는데 오른쪽 나뭇가지 사이로 산 위의 마애불 모습이 눈에 들어온다. 용미리 마애불이다. 발걸음을 재촉해 절마당으로 들어섰다.

용암사는 장지산 자락에 있는 절로 대한불교조계종 제25교구 본사인 봉선사의 말사이다. 창건연대는 확실치 않으나 용암사 마애이미륵불입상과 관련이 있을 것으로 추정한다. 이 마애불은 11세기에 조성된 쌍석불로 보물 제93호로 지정되어 있다. 석불의 조성배경과 절의 창건이 밀접하게 얽힌 설화가 전해 내려오고 있다.

고려 제13대 왕인 선종은 자식이 없어 고민하고 있었다. 어느 날 셋째 부인인 후궁 원신궁주元信宮主 이씨의 꿈에 도승이 나타나 말하기를 "우리는 파주 장지산 남쪽 기슭에 사는 사람들이오. 배가 몹시 고프니

서울·경기·인천지역 순례

먹을 것을 주시오" 하고는 홀연히 사라져 버렸다.

꿈을 깬 원신궁주 이씨는 이상히 여겨 왕에게 말했고 이에 왕은 신하를 보내 알아보도록 했다. 꿈에서 두 도승이 말한 그곳에 도착해보니 실제로 커다란 바위 두 개가 서 있었으므로, 왕은 불상을 조성하게 했다.

그때 꿈에 보였던 두 도승이 다시 나타나 왼쪽 바위는 미륵불로, 오른쪽 바위는 미륵보살상으로 조성할 것을 요청했다. 그리고 이어서 말하기를 "모든 중생이 와서 공양하며 기도하면 아이를 원하는 사람은 득남하고, 병든 사람은 병이 나을 것이다"라고 말한 뒤 사라졌다고 한다.

그 뒤 불상이 완성되고 그 아래에 전각을 짓고 불공을 드리니 그 해 곧바로 원신궁주 이씨에게 태기가 생기고 사내아이를 출산했단다. 그 아이가 곧 왕자 한산후이다.

절마당 오른쪽으로 조성되어 있는 80여 계단을 숨 가쁘게 오르는데 계단 양쪽의 난간 위에 둥근 갓을 쓴 부처와 사각 갓을 쓴 부처상이 끊임없이 모셔져 있다. 경건한 마음이 절로 우러나는 가운데 힘들게 계단을 오르니 마애이불입상이 서 있다.

이 마애이불입상은 바위 사이에 세로로 생긴 자연적인 틈새를 사이에 두고 두 개의 불상으로 나누어 새겼다. 거대한 천연암벽에 마애기법으로 몸을 새기고 목과 머리 갓을 따로 만들어 올려놓은 독특한 불상이다. 커다란 돌을 옮겨다가 천연암벽 위에 얹고 부처의 얼굴을 조각했다. 그 노력이 대단하다는 생각이 든다.

왼쪽 둥근 갓을 쓴 원립입상은 남자상으로 연꽃을 들고 있는 모습이다. 오른쪽 사각 갓을 쓴 방립입상은 여자상으로 합장의 자세를 취

1 마애이불 오르는 길　2 마애이불

하고 있다. 불상에 갓이나 천개를 씌우는 것은 눈이나 비로부터 불상을 보호할 목적으로 하는데 고려시대의 불상에서 많이 볼 수 있다. 석상의 높이는 17.4미터에 달한다.

　우리나라 초대 대통령인 이승만 대통령의 모친이 황해도에서 이곳까지 와서 마애석불 앞에서 불공을 드리고 그를 낳게 되었다고 한다. 이에 이승만 대통령은 재임 시인 1954년에 이곳을 방문해 참배하고 기념으로 동자상과 7층석탑을 세웠다고 한다. 원래 이 동자상과 7층석탑은 '남북통일과 후손 잇기 기원기념'으로 미륵불상 오른쪽에 있었다. 이후 이승만 대통령이 4.19로 인하여 하야하여 미국 하와이로 망명한 후 재야관련단체의 끊임없는 문화재훼손 비판에 따라 이에 1987년 철거되어 종무소 우측에 놓여 있다가 불자들의 건의로 2009년 지금의 미륵전 옆으로 옮겨왔다고 한다.

그 옆에는 미륵전과 삼성각이 한 지붕 아래 각각 자리 잡고 있다. 참배를 마치고 샘물터로 향해 돌확에서 나오는 샘물을 시원하게 한 모금 마셨다.

절마당의 대웅보전으로 향했다. 대웅보전은 석가모니불이 굳건히 앉아 진리를 설하시는 절의 중심전각이다. 2600년 전 인도에서 태어난 싯다르타 태자가 출가 후 6년간의 고행 끝에 마음속에서 끊임없이 일어나는 번뇌를 쓸어버리고 깨달음을 얻어 위대한 승리자가 되었다. 이에 석가모니불을 '위대한 영웅大雄'이라 하고 그를 모신 전각을 대웅전이라 한다.

대웅전은 회의, 절망, 아만, 질투, 끝없는 욕망에 물든 중생들에게 감로의 가르침을 펴시는 석가모니불의 향기가 언제나 머물러 있는 따스한 공간이다. 법당 안으로 들어가니 석가모니불과 그 좌우에 협시보살이 모셔져 있다.

소문대로 대웅보전의 닫집기둥의 수달조각이 명물이다. 잦은 화재로 법당이 소실되었던 역사를 생각해 주지 태공스님이 화재 예방차 만들어 놓은 것이라고 한다.

참배를 마치고 마당으로 나오니 5층석탑과 함께 석탑 양쪽에 각각 석등이 서 있다. 박정희 대통령이 1970년대에 이곳을 참배하면서 기념으로 세웠다고 한다. 석등을 살펴보니 하나는 '국태민안 위하여 천일기도 광명등'이고, 다른 하나는 '구국통일 위하여 천일기도 광명등'이다.

어느 시인의 '등불을 든 자화상' 글이 머리를 스친다.

1 동자상과 7층석탑   2 석등의 국태민안 서원글

'하루 종일 밭을 맨 지호는 배가 고팠습니다.

얼른 밥을 해 먹어야지,

그런데 문제가 생겼습니다.

아궁이에 묻어 둔 불씨가 꺼져 있었습니다.

그는 등불을 들고 밤길을 나섰습니다.

십리 밖 철수네로 불씨를 구하러 갔습니다.

"그 등불 속에 불씨가 있는데 어찌 먼 길을 왔나?"

그제야 지호는 자신의 등불을 바라보았습니다.

지금 이 순간,

손에 불을 들고서 불씨를 찾아 헤매는 건 아닌지

자신을 돌아봅시다. -고규태-

1 에밀레종을 모방한 범종   2 범종의 비천상

　마당 한쪽의 범종각의 종은 일명 에밀레종으로 널리 알려진 봉덕사
종을 모방해서 제작한 것이란다. 범종 높이는 1.87미터로 종의 겉 표면
에는 1984년에 해당하는 불기 2528년의 제작일, 장지산 용암사란 문양
과 함께 비천상이 새겨져 있다. 비천이란 불교의 천사를 말하는데 한
국의 종 가운데에선 에밀레종에 있는 비천상이 가장 아름답다는 평가
를 받는다고 한다. 이 종에는 비천이 부처님께 공양하는 모습을 부조
했다.

　이렇게 절의 규모가 크지 않지만 특이한 마애이불로 유명한 파주의
용암사 순례를 마치고 소나무 숲길을 걸어 절을 빠져 나왔다.

11

우담바라 핀
의왕 청계사

입석

많은 이들은 경기도 과천의 관악산을 숫산이라고 하고, 맞은편 서울 대공원을 품은 청계산을 암산이라고 부르곤 한다. 추석 연휴 아침 집 근처 신흥사 교화공원을 오르는데 하늘이 높고 구름 한 점 없이 맑고 푸르다. 아내가 하늘을 바라보며 한마디 한다.

"오늘 같은 날 관악산 연주대에 오르면 무척 좋겠다."
"어디 다녀올까?"

나도 맞장구를 쳤다. 시간이 이른 아침이 아닌 점심때이므로 관악산 연주대 대신 아내와 함께 가곤 했던 의왕義王 청계산 청계사를 다녀오기로 했다. 차로 산길을 올라 청계사 주차장에 도착하였다. 주변은 연휴를 즐기러 온 많은 방문객으로 붐비고 있다.

청계사淸溪寺는 신라 말에 창건된 유서 깊은 고찰이다. 고려 충렬왕 10년인 1284년 조인규거사의 원력으로 중창되었고, 1880년 음극스님에 의해 중건되었다. 한때는 봉은사 대신 선찰기능을 수행하기도 했던

1 사천왕상 2 청계사 계단길

중요한 절이기도 했다. 근대에 이르러 선종의 중흥조로 일컬어지는 경허선사鏡虛禪師가 출가 득도하였고, 만공선사가 주석하여 선종의 지평을 넓혔다. 현재 대한불교조계종 제2교구 본사 용주사의 말사이다.

주차장 오른쪽으로 일주문 대신에 '우담바라 핀 청계사淸溪寺'라고 음각된 입석이 보인다. 바로 가파른 50여 계단을 오르면 만세루의 누각 밑을 통과해 절마당으로 들어가게 된다. 계단 양쪽에 석조 사천왕상이 모셔져 있다. 여느 절처럼 사대천왕이 천왕문 안에 있지 않고 야외에 모셔져 있어 특이한 모습이다.

계단을 오르니 누각 밑의 돌기둥 사이의 통로에 좋은 시가 액자에 담겨 소개되고 있다. 그중 '뭣 하러'라는 제목의 시가 가슴에 와닿는다.

'한 고승이 생선가게 앞을

서울·경기·인천지역 순례

지나면서 말했습니다.

"음…저 생선 맛있겠다."

옆을 따르던 어린 제자가 듣고

절 입구에 이르자

더는 못 참겠다는 듯이 입을 열었습니다.

"아까 그런 말씀, 스님이 해도 됩니까?"

그러자 고승은 조용히 꾸짖었습니다.

"이놈아, 뭣 하러 그 생선을 여기까지 들고 왔느냐?

난 벌써 그 자리에서 버리고 왔다.'" -김원각-

만세루를 통과해 마당에 서서 뒤돌아 누각을 바라보니 설법전이라는 현판이 붙어 있다. 누각 안을 들여다보니 스님이 신도들과 기도법회를 진행 중이다.

마당을 통과해 절의 중심전각인 극락보전으로 향했다. 극락보전은 불교에서 서방극락정토의 주재자인 아미타불을 모시는 전각이다. 극락전, 무량수전, 보광명전, 아미타전이라고도 한다.

아미타불은 무량수불無量壽佛이라는 서방정토를 주관하는 부처님이다. 서방정토는 아미타불께서 성불하시기 전 법장비구의 몸으로 계실 때 중생의 고통을 가엾게 여겨 큰 원을 세워 이룩하신 나라로 극락이라고도 한다. 불자라면 누구나 할 것 없이 모두가 가 보고 싶어 하는 곳으로 불자인 중생들이 사후에 태어나기를 바라는 가장 이상적인 세상이다. 부처님께서 항상 설법하고 계시며, 즐거움만 있고 괴로움은 없는 자유롭고 안락한 세상이다. 중생들이 '나무아미타불'을 외우고 왕생

1 극락보전 2 극락보전내 아미타삼존불상

극락을 간절히 원한다면, 누구나 극락에 태어날 수 있다.

　이곳의 극락보전은 광무 4년인 1900년에 건립된 것으로 팔작지붕에 앞면 세 칸 옆면 두 칸의 규모로 되어있다.

　법당 안으로 들어가니 아미타 삼존불이 모셔져 있다. 아미타여래를 중심으로 그 좌우에 관세음보살과 대세지보살을 모셔 놓고 있다, 모두 조선후기의 불상 양식을 보이고 있다. 이곳에 봉안된 아미타불과 관세음보살은 신통자재한 신령함을 지니고 있다.

　특히 지난 2000년 10월 6일 관세음보살의 얼굴에는 삼천 년마다 한 번 핀다는 우담바라가 스물한 송이나 피었었다. 경전에 따르면 우담바라는 여래나 전륜성왕이 나타날 때 나타나며 삼천 년 만에 한 번 핀다는 전설 속의 꽃이다. 우담바라가 피면 상서로운 일이 일어난다 하여 영서화靈瑞花라고 부르기도 한다.

이런 감동의 현장을 직접 보기 위해 전국의 불자들이 많이 찾기도 했다. 그 당시 참배했던 감동을 떠올리며 극락보전 법당에서 경전을 외우며 참배를 하고 나왔다.

옆의 계단을 올라 삼성각 참배를 하고 극락보전 오른쪽에 있는 지장전으로 향했다. 최근에 지은 듯한 앞면 세 칸 옆면 두 칸의 맞배지붕 건물인 이곳 전각에는 지장보살입상이 모셔져 있다.

법당에 들어가 참배를 하고 나오니 전각의 주련에 눈길이 간다.

지장대성위신력地藏大聖威神力 지장대성의 위신력은

항하사겁설나진恒河沙劫說難盡 항하의 모래만큼 억겁을 설하여도 다하지 못하여

견문첨례일념간見聞瞻禮一念間 한마음으로 보고 듣고 또 엎드려 절하니

이익인천무량사利益人天無量事 사람과 하늘 모두에게 한량없는 이로움 주소서

지장전 뒤 거대한 와불이 있는 곳으로 발걸음을 옮겼다. 와불臥佛은 불교에서 누워 있는 부처님을 뜻한다. 부처님의 열반하는 모습을 묘사한 것으로 알려져 있다.

부여 미암사의 길이 27미터의 와불법당, 진천 보탑사 숙희전의 황금 와불과 달리 이곳의 와불은 독특하게도 자갈로 누워 있는 부처님상을 만들어 놓았다. 길이 11미터 높이 2미터의 거대한 크기이다. 1997년부터 조성하기 시작하여 1999년에 완성하였다고 한다. 2011년부터는 개금불사 및 삼천불을 봉안하였는데 와불 뒤로 돌아가니 삼천불이 봉안되어 있다.

금동와불

와불참배를 마치고 동종각으로 향했다. 청계사 동종각의 동종는 서울 봉은사에 있던 것을 이곳으로 옮겨다 놓은 것으로 조선 후기 범종의 대표적 문화재이다. 보물 11-7호로 지정되어 있는 이 동종은 조선 숙종 27년인 1701년 사인 비구의 주도하에 그의 나이 60세 이후에 제작한 것이다. 전통적인 특징보다는 외래적 요소가 많이 가미된 외래유형의 종이다. 종을 거는 고리는 중국특징인 쌍룡모습으로 만들어졌으며, 음통 대신에 공기구멍을 뚫어 종소리를 조절하도록 하고 있다.

종의 명문에 사당패가 언급되어 있어 조선 후기 사원의 경제사적인 측면에서 사원과 사당패의 관계를 짐작해 볼 수 있는 문화재적 사료로서 가치가 크다고 한다.

오른쪽 절 마당의 수곽에서 약수로 목을 축인 후 마당의 왼쪽 종무소 쪽으로 내려가는 길에 '번뇌가 사라지는 길'이 있다. 오른쪽 울타리에 이

쁘게 쌓아 올린 기왓장이 고즈
넉한 분위기를 자아내고 있다.

이렇게 청계사 순례를 끝내
고 절 오른쪽 등산로를 가파르
게 올라 청계산 망경대를 등산
한 후 능선을 타고 청계사 오른
쪽으로 내려오니 절 입구에 오
대선사 부도탑이 있다. 한국 선
중흥조인 경허 대선사의 출가사
찰로서의 한국 선풍 진작은 물
론, 대선사들의 사상을 재조명

동종

키 위하여 경허, 만공, 보월, 금오, 월산 등 5대 선사의 부도탑을 조성해
놓았다고 한다.

청명한 가을 하늘 아래 청계사를 즐겁게 순례하고 주차장을 빠져 나
왔다.

12

한국 최초 비구니율원
수원 봉녕사

봉녕사 전경

주말 아침 테니스클럽에서 테니스를 즐긴 후 수원 광교산水原 光教山
의 남쪽 기슭에 위치한 봉녕사를 순례하기로 했다.

경기남부경찰청 맞은편 길로 접어들면 소나무 숲이 울창한 가운데 '광
교산 봉녕사光教山 奉寧寺'란 현판이 걸려 있는 일주문이 모습을 드러낸다.
일주문을 지나는 불자들에게 당부하는 글이 예쁜 푯말에 쓰여 있다.

> '불자들은 일주문 앞에서 마음을 가다듬고
> 법당 쪽을 향해 두 손을 모아 반 배 한 후
> 걸음마다 부처님을 생각하면서 법당을 향합니다.'

마음을 가다듬고 일주문을 통과해 절마당으로 향하는데 오른쪽 언
덕의 개나리 군락이 봄의 전령사 역할을 제대로 하고 있다.

봉녕사奉寧寺는 고려 중엽 1208년 원각국사圓覺國師에 의해 창건된 절
이다. 당시의 절 이름은 성창사였다. 조선 초기인 1400년경에는 봉덕
사로 불리었고, 예종 원년인 1469년에 혜각스님이 중수하면서 오늘

의 봉녕사란 명칭을 갖게 되었다. 봉녕사가 역사 전면에 부각된 것은 1800년대 순조가 정조대왕의 효심을 기리기 위하여 어진을 봉안할 화령전을 짓고 봉녕이란 사액을 내리면서부터이다. 순조가 화령전에 제향을 올리는 등 봉녕사는 왕실원찰의 역할을 맡게 되었다.

근래인 1971년 비구니 묘전스님의 주지 부임으로 전기를 맞이하였다. 1975년 묘엄스님을 강사로 승가학원이 설립되었고, 1979년 묘엄스님이 주지로 부임한 후, 1983년에 승가학원이 승가대학으로 승격되었다. 1999년 세계 최초의 비구니율원인 금강율원이 개원되어 운영되고 있다. 봉녕사는 현재 대한불교조계종 제2교구 본사인 용주사의 말사이다.

절 입구에서 바라본 봉녕사 풍경은 아름답고 청정해 보여 단아한 여인의 모습을 느끼게 한다. 먼저 마당의 범종루로 향했다. 범종루앞 잔디밭에 서 있는 푯말의 글귀가 눈에 들어온다.

'이 종소리 듣는 이여
번뇌를 끊고 지혜는 자라나며
깨달음을 얻고 지옥세계 떠나며,
삼계를 벗어나 부처를 이루어
중생을 제도하소서' -종송 중-

정원을 감상하며 걷는데 절마당에 '쌍탑과 희견보살상'이 서 있다. 오대산 월정사의 절마당에 있는 탑과 보살의 모습이 연상된다. 탑 앞 푯말

1 쌍탑과 희견보살상
2 대적광전 법당

에 불경 '숫타니파타'의 글이 소개되고 있다.

'소리에 놀라지 않는 사자와 같이
그물에 걸리지 않는 바람과 같이
진흙에 물들지 않는 연꽃과 같이
무소의 뿔처럼 혼자서 가라'

눈앞에 웅장한 건물이 서 있는데 중심전각인 대적광전이다. 전각 앞에는 800여 년 된 향나무가 자리를 지키고 있다. 가까이 다가가 살펴보니 한쪽 팔을 버팀목에 의지하고 있지만 오랜 세월 고운 자태로 이 자리를 지켜왔음을 알 수 있다.

대적광전은 화엄경에 등장하는 부처님인 비로자나부처님을 주불로 모시고 있는 전각이다. 법당으로 들어가니 법신불인 비로자나불을 주불로 그 좌우에 보신불인 석가모니불과 화신불인 노사나불 등 삼신불을 모셔 놓고 있다.

삼신불은 부처님의 몸이 중생들을 제도하기 위하여 다양한 모습으로 나타난다는 것을 상징한다. 법신불은 법과 깨달음의 근본인 진리 자체를 몸으로 삼는 부처님이다. 보신불은 깨달음을 얻기 위해 열심히 수행하여 그 공덕으로 나타난 부처님이다. 화신불은 법신불이나 보신불을 볼 수 없는 중생들에게 깨달음의 길을 가르쳐 주기 위해 이 세상에 여러 형태의 모습으로 화하여 나타나는 부처님이다. 상단의 후불탱화와 신중탱화는 목각으로 조성되어 있다. 법당 내외부의 벽에는 화엄경에 따라 설법장면을 그린 벽화가 화려하게 조성되어 있다.

법당을 참배하고 나와 오른쪽의 용화각으로 발길을 옮겼다. 이곳에는 대적광전 뒤 건물을 지으려고 터를 닦던 중 발견된 본존불과 협시보살 등 석조삼존불이 봉안되어 있다. 본존불은 미래에 사바세계에 출현해 중생을 구원할 부처님이신 미륵부처님으로 연화문이 상세하게 조각된 대좌에 모셔져 있다. 협시불 석상은 많이 마모된 모습이다. 고려시대 중기에 조성된 것으로 추정되며 경기도 유형문화재 제151호로 지정되어 있다.

대적광전 오른쪽에는 약사보전이 있다. 이곳에는 약사여래불이 봉안되어 있다. 약사여래불은 약사유리광여래 또는 대의왕불이라고도 한다. 약사여래는 유리처럼 맑고 깨끗한 동방의 정유리세계에 계시면

용화전 석조삼존불

서 12가지 서원을 세워 중생들이 바라는 것을 모두 얻게 하셨다. 그 서원은 중생의 질병을 치료하고 병고에서 벗어나 성불하기를 원하는 내용이다.

법당에는 약사여래와 함께 오른쪽 신중단에는 신중탱화, 왼쪽에는 현왕탱화가 모셔져 있다. 신중탱화는 불법을 수호하고 불경을 외우는 사람들을 보호하기 위해 신들을 그린 탱화다. 부처나 보살보다는 낮은 신들이지만, 민간신앙적인 가치관을 드러낸다는 점에서 중요성이 있다. 이곳의 불화는 경기도 유형문화재 제152호로 지정되어 있다.

법당을 나오니 오른쪽에 웅장한 2층건물이 있다. 청운당이라는 곳으로 '비구니 계율 근본도량, 금강율학 승가대학원'이다. 봉녕사는 비구니 교육을 위한 중심도량으로서 강원을 중심으로 수행공간은 철저히 통제되고 있다. 잔디밭 푯말의 글귀에 눈길이 간다.

'어리석은 마음에 배우지 아니하면

교만한 마음만 높고,

어리석은 생각을 닦지 아니하면

아상我相과 인상人相만 높게 되네' -자경문-

곳곳에 승가대학답게 좋은 글귀와 전각 설명이 되어있어 사찰을 이
해하고 마음을 다스리는 데 도움이 되겠구나 하는 생각을 하면서 휴식
공간 겸 문화원인 '금라'로 들어갔다. 카페에서 아메리카노 한 잔과 쿠
키로 아침을 먹고 쉬면서 '아름답고 청정한 절' 봉녕사 관련 자료를 들
춰 보고 나왔다.

이른 아침 사찰을 둘러보는 재미가 만만치 않다는 생각을 하고 있던
터라 오늘의 사찰순례도 행복하였다. 절을 나와 주차장 쪽으로 향하는
데 길 양쪽의 돌기둥에 낯익은 글이 한자로 새겨져 있다.

'삼일 닦은 마음은 천년의 보배요,

백년 탐한 물건은 하루아침에 티끌이라.'

13

한양 동쪽의 명찰
남양주 불암사

대웅전

서울 태릉泰陵 근처의 모임에 가는 길에 조선조에 한양을 둘러싼 4대 명찰의 하나였던 양주楊州 불암사를 순례하기로 했다. 조선 세조 때 한양 외부 4방에 왕실의 발전을 기원하는 원찰을 하나씩 정할 때 불암사는 동쪽의 사찰로 선정되어 동불암東佛庵이라 불렸다. 서쪽에는 진관사, 남쪽에는 삼막사, 북쪽에는 승가사가 뽑혔다.

불암사는 신라 현덕왕 16년인 824년에 지증대사智證大師가 창건한 절이다. 이후 고려시대에 도선이 중창하고 무학이 삼창하는 등 여러 차례의 중수를 거쳐 오늘에 이르고 있다. 현재 대한불교조계종 제25교구의 본사인 봉선사의 말사이다.

일주문에 다다르니 다듬지 않고 자연목 그대로를 사용한 나무기둥 위에 '천보산 불암사天寶山 佛巖寺' 현판이 걸려 있는. 나무기둥에 붙어 있는 주련이 눈에 들어온다.

역천각이불고歷千却而不古 천겁을 지나도 옛일이 아니요
긍만세이장금亘萬歲而長今 만세를 뻗쳐도 언제나 지금

이 주련은 고려 말 고승인 함허선사의 법어라고 한다. '천겁이 지나도 새롭고 영원토록 지금'이라는 의미로 깨달음을 얻은 이가 시공을 초월해 체험하는 인식을 뜻한다고 한다.

명산의 분위기가 느껴지는 가운데 조금을 오르니 크지 않은 조그만 절의 은은한 분위기 속에 스피커를 통해 법구경을 외는 아름다운 소리가 울려 퍼진다.

오른쪽을 보니 '불암산은 모자를 쓴 부처를 닮은 산'이라는 제목의 글이 눈에 들어온다. 불암산은 여승의 모자를 쓴 부처의 모습 같다고 하여 불암산佛岩山이라 하며, 해발 500미터의 암벽과 수림이 아름다우며 천보산 또는 필암산이라고도 한다.

산책하듯 주변을 감상하며 산길을 걷는데 나뭇가지에 좋은 글을 적은 이쁜 푯말이 걸려 있다.

'오늘은 어제의 생각에서 비롯되었고,
현재의 생각은 내일의 삶을 만들어 간다.
삶은 이 마음이 만들어 내는 것이니
순수한 마음으로 말과 행동을 하게 되면
기쁨은 그를 따른다.
그림자가 물체를 따르듯⋯ ' -법구경-

제월루 앞에는 '천보산 불암사 사적비'가 있다. 영조 7년인 1731년에 조성된 것으로 비문의 해석을 통해 불암사의 변화과정을 알 수 있다고 한다.

제월루

　계단 옆에 탑과 함께 포대화상상이 있다. 포대화상布袋和尚은 중국 후
량시대의 스님으로 미륵보살의 화현으로 일컬어진다. 지팡이 끝에 늘
포대자루를 메고 다니며 인간의 번뇌 망상과 고통을 자루에 담고 웃음
과 기쁨을 나누어 주는 미륵보살의 화현이다. 그는 포대자루에 많은
시주물을 갖고 다니며 가난한 이들에게 나누어 주었다고 한다. 배를
만지고 소원을 빌면 소원이 이루어진다고 하여 나도 배를 만지며 소원
을 빌었다.

　불암사란 편액이 걸려 있는 콘크리트 건물의 누각을 누하진입하는
데 계단을 오르는 양쪽 벽에 사천왕상이 벽화로 조성되어 있다. 누각
이 여느 절의 사천왕문의 역할을 하고 있다. 절마당으로 올라가 뒤돌
아 방금 통과한 누각을 바라보니 제월루란 편액이 붙어 있다.

　절마당 정면을 보니 국화꽃 장식으로 뒤덮힌 가운데 중심전각인 대
웅전이 우뚝 서 있고 그 앞마당에 삼층석탑이 있다. '대웅전大雄殿' 편액을

살펴보니 낯익은 서체이다. 조선조의 명필가였던 한석봉의 서체였다.

법당 안으로 들어가니 석가모니 삼존불이 봉안되어 있다. 참배하고 나와 지장전으로 발걸음을 옮기는데 지장전 앞마당에 오색의 국화화분으로 거대한 만卍자를 만들어 놓았다. 너무나도 화려한 모습에 감동이 몰려온다.

마당의 나뭇가지에 달린 글귀에 시선이 간다.

'탐욕으로부터 근심이 생기고
탐욕으로부터 두려움이 생긴다.
탐욕이 없는 곳에 근심이 없나니
어찌 두려움이 있으랴' -법구경-

약사전으로 이동을 했다. 법당 안으로 들어가니 열두 가지 서원을 세워 중생들의 질병을 구제하고 수명연장, 재해소멸, 의식의 만족을 준다는 약사유리광여래불을 모셔 놓고 있다.

약사전을 참배하고 간 곳은 한 지붕 속에 칠성각, 신통전, 산령각의 현판이 함께 걸려 있는 전각이다. 전각 안에는 여러 재난으로부터 구제하고 복을 주시는 칠성광여래 삼존상, 생로병사를 주관하는 칠원성군과 나한, 산신상, 동자승이 모셔져 있다.

전각 밖으로 나와 언덕길로 오르는데 나뭇가지의 글귀에 시선이 멈췄다.

'억지로 만나려 하지 않아도

만날 사람은 만나지는 것이다.
그것이 인연이다.'

국화 화분으로 장식된 오색 꽃길을 따라 절 뒤로 올라가면 십이지신상이 계단 양쪽으로 도열해 있고 큰 바위 암벽에 조각한 마애삼존불이 있다. 중앙에 아미타불이 있고 그 좌우에 관세음보살과 대세지보살이 모셔져 있다. 참배를 하고 나서 그 옆을 보니 1,000원을 넣고 각자의 소원지를 쓰고 빌어 보란다. 그 옆의 계단을 밟아 오르니 바위 위에 5층 석탑이 있다. 1989년에 조성한 진신사리보탑이다. 태국에서 3과, 스리랑카에서 4과의 진신사리를 모셔와 봉안한 탑이라고 한다.

숲속에 쉼터가 있어 사람들이 쉬면서 심신을 추스르고 있다. 소나무 나뭇가지에 예쁜 종이에 써서 걸어 놓은 글귀가 눈에 들어온다.

'오늘의 휴식은
내일의 휴식을 위한
충전의 시간이다.'

범종루로 향했다. 여느 절과는 달리 '누구나 타종이 가능하다'는 안내글이 있다. 용기를 내어 타종을 했다. 그 울림소리가 몸과 마음을 정화시키는 듯하다.

제월루 옆의 관음전으로 발걸음을 옮겼다. 전각 위에는 '불암사 국화축제, 부처님께 꽃 공양 올리시어 소원 성취하세요'란 현수막이 걸려 있다. 법당 안으로 들어가니 모든 중생이 해탈할 때까지 성불하지 않

겠다는 자비의 보살이
신 관세음보살좌상과
천수관음도를 모셔 놓
고 있다.

불암사의 부속암자
로는 창건연대가 비슷
한 150년 전에 중건된
석천암이 있어 다녀오
기로 했다. 불암산 등
산로를 따라 과천 연주
대를 오르듯 가파른 돌
계단을 600미터가량

1 한지붕속의 칠성각, 신통전, 산령전
2 마애삼존불

올라 도착할 수 있었다. 해발 400미터인 이곳에 '불암산 석천암佛岩山 石
泉庵'이라는 현판이 걸려 있다.

암자 안으로 들어가니 정면에 석천암쌍혈 명당자리을 소개하는 글이 붙
어 있다. 동방제일로 기氣가 강한 곳으로 마애미륵불상 앞의 기도처인
나무평상이 '혈穴자리'란다. 이곳에서 기도하면 원하는 바를 훨씬 더 빨
리 이룰 수 있다고 한다. 이곳 평상에 앉아 기를 받으면서 마애불을 바
라보니 조금은 투박하면서도 해학적인 모습이다.

마애미륵불을 참배하고 여래불 밑에 있는 감로수 같은 시원한 물로
목을 축였다. 그 옆의 계단을 오르니 대웅전이 있다. 대웅전 법당에는
삼존불이 모셔져 있다. 대웅전 뒤로 가파른 계단을 오르니 삼성각이다.

석천암의 마애미륵불

삼성각 참배를 마치고 나와 마당에 서서 앞을 보니 불암산 아래로 주변의 산하가 한눈에 들어온다.

20여 분을 가을 풍경을 즐기며 내려와 불암사 일주문으로 향하는데 길가에 '나무아미타불'이라고 음각된 석주가 눈에 들어온다. 나도 '나무~아미~타불'을 염송하며 즐거운 마음으로 일주문을 빠져 나왔다.

14

고구려 신비를 지닌
강화도 적석사

입구에서 바라본 적석사

아침에 강화도에 '다녀오자는 뜬금없는 아내의 제안에 흔쾌히 집을 나섰다. 2시간여를 차로 달려 아내의 지인이 거주하고 있다는 강화도 고려산 근처에 도착했다. 아내가 지인과 만나는 동안 근처의 적석사를 순례하기로 했다.

외포리 쪽으로 산을 넘어 5분여를 달리니 적석사 입구를 알리는 표 지판이 서 있다. 좁고 가파른 산길을 따라 2km 정도를 힘들게 올라가 니 적석사가 빼꼼히 모습을 드러낸다.

적석사積石寺는 1600여 년 된 고찰로 고구려 장수왕 4년인 416년에 창건된 태고의 신비를 간직한 절이다. 전설에 의하면 강화도의 고려산 정상에 도착한 인도에서 온 축법조사竺法祖師가 오련지五蓮池에 핀 다섯 송이의 연꽃을 공중에 날려 떨어진 연꽃 색에 따라 백련사, 청련사, 적 련사, 황련사, 흑련사를 지었다고 한다.

붉은 연꽃이 떨어진 적련사赤蓮寺는 지금의 고려산 낙조봉 자리에 터 를 잡아 세운 절이다. 그 후 절 이름에 붉을 적赤자가 있어 산불이 자주 일어난다고 생각하고 이름을 적석사積石寺로 바꾸었단다.

서울·경기·인천지역 순례

붉은 연꽃이 떨어진 자리는 사람들이 오르내리기 힘든 곳이다. 고려 때에는 장경도감이 설치된 선원사에서 판각된 장경판을 이곳에 보관하기도 했다. 지금의 해인사 대장경판이 그것이다.

또 조선의 대표적 여류 서예가 정명공주와도 인연이 있다. 광해군이 왕위에 오르자 폐서인이 된 이복동생 정명공주는 이곳 적석사에 머물며 은둔생활을 하기도 했다. 현재 대한불교조계종 총무원 직할의 말사이다.

주차장을 벗어나니 '염화미소'란 이름의 전통찻집이 있다. 차를 한잔 하고 절을 순례해야지 하는 생각이 들어 찻집으로 향했지만, 평일이어서인지 찻집 문이 잠겨 있다.

그 옆에 조그만 비각이 있는데 그 안에 '적석사 사적비'가 있다. 조선 숙종 40년인 1714년에 세워진 것으로 인천광역시 유형문화재 제38호로 지정되어 있다. 비각 안의 비신은 높이 3.04미터, 너비 0.69미터의 크기이고, 비문은 조선후기의 명필인 윤순이 쓴 글씨란다. 비문에는 불교의 전래 및 사찰의 중건 상황과 몽고의 고려침입에 대항하여 임금의 거처로 사용되었다는 기록이 담겨 있다고 한다.

사적비

절마당의 부부목

　절을 향해 언덕을 오르는데 거대한 성곽 같은 높은 축대 위에 조그
맣고 예쁜 모습의 전각이 수줍은 듯 서 있다. 왼쪽의 계단을 통해 오르
니 아래서 본 예쁜 모습의 전각은 2층으로 된 범종루 누각이다. 1층에
는 2013년에 조성된 황금색 범종이 있고, 2층에는 법고·목어·운판이
자리하고 있다.

　범종루 옆에 기와불사를 할 수 있도록 무인 보시함과 함께 기왓장이
준비되어 있다. 만 원을 보시함에 넣고 '행복한 삶의 사찰기행 성공기
원' 글귀를 기와에 적은 뒤 절마당으로 들어섰다.

　범종루 옆에 커다란 느티나무 두 그루가 서 있는데 이름하여 '부부
목'이다. 부부의 의미를 생각하게 하는 '부부목'이란 제목의 글이 눈에
들어온다.

　　'그들은 함께 서서 다른 곳을 바라보는 자가 아니라
　　각각의 자리에서 한 곳을 바라보는 자다.

...

인연 따라 돋은 새살들이
어머니의 모습이며 아버지의 모습이며
그 틈새 태중 아이의 모습이다.
이를 일러 부부목이라 이름하니
이곳 스치는 인연이여
...'

절마당 건너 중앙 계단 위에 대웅전이 우뚝 서 있다. 최근에 신축한 대웅전 안으로 들어가니 중앙에는 석가모니불, 그 좌우에는 문수보살과 보현보살이 모셔져 있다. 참배를 마치고 나오니 주련에 눈길이 간다. 주련의 내용은 서산대사가 남긴 글이란다.

견문각지무장애 見聞覺知無障碍 보고 듣고 깨닫고 아는데 장애가 없고
성향미촉상삼매 聲香味觸常三昧 소리, 향, 맛, 촉각이 언제나 그대로 삼매로다
여조비공지마비 如鳥飛空只麼飛 마치 하늘을 나는 새가 그냥 날아갈 뿐
무취무사무증애 無取無捨無憎愛 취함도 버림도 없고 미움도 사랑도 없어라
약회응처본무심 若會應處本無心 만약 대하는 곳곳마다에 본래 무심임을 안다면
방득명위관자재 方得名爲觀自在 비로소 이름하여 관자재라 하리라

대웅전을 나와 계단 아래로 들어가니 관음굴이 있다. 법당 안에는 사십이수관세음보살상이 모셔져 있다. 법당 안에 들어가 참배를 하고 대웅전 동쪽의 약수터로 향했다.

1 대웅전의 웅장한 모습
2 신비의 약수터 불유각

'불유각佛乳閣'이라는 편
액과 함께 글귀가 쓰여
있다.

'불유의 맑은 샘 마음을
적시고,
　유미의 단맛은 갈증을
풀어주네'

이 약수물은 나라에 변
란이 있거나 흉년에는 마실 수 없단다. 2012년 연평해전 때는 물이 흐
려졌다고 한다. 수곽에서 물 한 바가지 떠서 들이키니 청량감이 온몸
에 전해진다.

불유각 옆에는 조그만 연못이 있다. 연못 안을 들여다보니 예쁜 금
붕어들이 떼를 지어 유영하고 있다. 절의 조용한 분위기와 잘 어울린
다는 생각이 든다.

향적전의 종무소로 들어가니 사무장인 듯한 보살이 차 한잔을 하고
가란다. 찻집이 문을 닫아 아쉬웠는데 아메리카노 커피 한 잔을 받아들
고 보살과 적석사에 관한 이런저런 이야기를 나누었다. 나오면서 이곳
주지인 제민스님의 책『그대에게 가는 오직 한길』을 한 권 구입했다.

향적전 전각을 나오니 벽 게시판에 붙어 있는 '천도재'를 설명하는 글귀가 눈에 들어온다.

'천도재는 죽은 자가 좋은 인연처로 나아갈 수 있도록
빛을 비추어 주는 의식이자,
마음을 바꾸어 주는 성스러운 법문이다.
망자가 살아생전 성냄과 탐욕과 어리석음 속에서 한평생을 보냈
다면,
사후라 하여 쉽게 마음을 바꿀 수는 없을 것이다.
우리는 살아 있는 사람이 마음을 고쳐서 새사람이 되듯,
돌아가신 영가들도 염불과 법문을 듣고
마음을 바꾸어 참회하여 깨달음의 세계로 나아갈 수 있도록
염원하며 천도재를 지낸다.'

보살이 꼭 다녀가라고 하며 안내해 준 대로 절마당 옆의 가파른 계
단을 올라 낙조대 보타전과 삼성각을 참배하고자 했다. 백수십여 개의
계단을 오른 후 다시 헉헉대며 왼쪽의 '깨달음의 길'을 올라가니 낙조대
보타전이다.

보타전은 양양의 낙산사처럼 관세음보살을 모신 전각을 말한다. 이
곳에는 해수관음보살좌상이 모셔져 있다. '강화에는 적석낙조'라는 말
이 있듯이 강화8경 중 제1경이 이곳에서 보는 낙조풍경이란다. 한반도
정서향으로 앉아 있는 해수관음보살상 앞에서 참배를 하고 난간에 서서
서쪽을 바라보니 고려저수지, 석모도와 함께 서해가 한눈에 들어온다.

이곳에서 저녁노을을 바라보면 장관이겠다는 생각을 하면서 계단

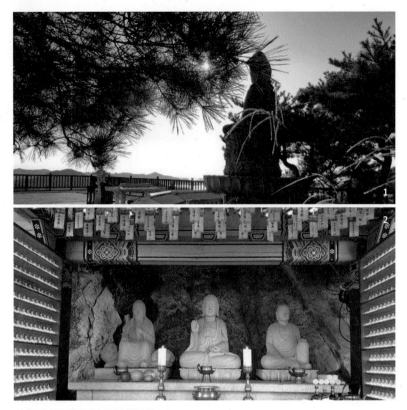

1 낙조대 보타전의 해수관음보살좌상
2 산신기도가 영험한 삼성각

을 내려와 오른쪽 계단을 통해 삼성각으로 올랐다. 삼성각에는 여느 절처럼 돌로 조성된 칠성님, 독성님, 산신님이 모셔져 있다. 종무소에서 보살이 귀띔해 준 "이곳은 산신기도가 영험한 곳이에요"란 말이 떠오른다.

이렇게 우연한 인연으로 찾게 된 적석사 순례를 즐겁게 마치고 약속된 장소에서 아내를 만나 지인의 안내로 강화문화원 앞에서 쑥육회와 강화장국을 맛있게 먹고 집으로 돌아왔다.

15

황금법당인 서오릉의
원찰 수국사

대웅보전

황금법당으로 유명한 서울 은평구恩平區 서오릉西五陵의 원찰인 오래된 사찰 수국사를 순례하기로 하고 지하철 연신내역에서 내려 고민하다가 택시를 타고 구산동의 수국사로 향했다. 수국사 경내로 들어서자 눈앞에 웅장한 황금법당이 시선을 압도한다.

조선 세조 5년인 1459년, 첫째 아들 의경대왕이 20살에 요절하자 고양에 봉현릉을 건립하고 근처에 원찰로 삼아 건립한 정인사가 수국사守國寺의 전신이다. 그 당시에는 119칸에 달하는 큰 사찰로 경기도 광릉의 봉선사와 맞먹을 만한 풍광이 뛰어난 명찰이었다. 이후 수국사는 조선 숙종과 인현왕후의 능인 명릉의 원찰기능까지 수행했다. 하지만 조선 후기에 들어오면서 불상만 남긴 채 폐허가 되었다.

광무 4년인 1900년 고종의 세자이던 순종이 병으로 위독하자 고종의 명으로 월초스님이 기도하여 병이 나았다. 이에 스님의 소원으로 수국사를 중창하였고 한양 근교의 5대명찰이 되었다.

이후 1950년 한국전쟁으로 대부분 파괴된 건물들을 중창해 오다가 1995년에 황금법당을 중창해 오늘에 이르고 있다. 현재 대한불교조계종 직할 교구인 조계사의 말사이다.

가을 햇빛을 받아 반짝이는 중심법당인 황금법당으로 발걸음을 옮겼다. 우리나라에 존재하는 법당전체가 금으로 칠해진 유일한 법당이다. 108평 규모에 정면보다 측면이 더 긴 특이한 형태의 건물이다. 청기와로 된 목조건물인데 지붕을 제외한 법당 안팎이 100% 순금으로 칠해져 있다. 건물에는 '대웅보전'이란 현판이 걸려 있다.

법당 안으로 들어가니 불상들이 동쪽으로 향해 있다. 황금으로 만든 다섯 여래불좌상과 세 보살이 협시불로 모셔져 있다. 다섯 여래불은 왼쪽부터 노사나불, 아미타불, 비로자나불, 석가모니불, 약사여래불이고, 협시불은 문수보살, 보현보살, 철조관세음보살이다.

이 가운데 아미타불좌상은 21세기 현재 불상제작연대를 확인할 수 있는 불상 가운데 가장 오래된 목조불상이란다. 이 목조불상과 그 안의 복장유물 36종 84점은 보물 제1580호로 지정되어 있다.

철조 관세음보살상은 불상 내부에 기록된 글을 통해 1200년경 철원 최씨 가문의 고관이었던 최영장군의 아버지가 보시했음이 밝혀졌다. 연대를 추적한 결과 1239년에 조성된 것이란다. 이곳에 모셔지기 전에는 철원 보개산 심원사에 봉안되어 있었다. 1459년 세조의 명으로 왕실 원찰의 불상으로 수국사에 모셔졌다.

대웅보전을 나와 그 북쪽에 있는 전각으로 향했다. '염화미소전' 현판이 걸려 있는 나한전이다. 이런 현판의 전각은 양평 용문사의 나한님을 모신 '염화미소전'과 명칭이 같다. 양평 용문사의 주지였던 호산

1 대웅보전내 불상들
2 염화미소전

스님이 이곳 수국사의 주지로 부임해서 동일한 이름의 전각을 조성한
것이 아닌가 하는 생각이 들었다.

법당 안에는 현재불인 석가모니불을 중심으로 그 좌우에 협시불[1]로

....

1 불교에서 본존을 옆에서 모시고 있는 불상. 불상이나 불화에서 본존本尊을 좌우에서 모시고
   있는 불상을 말한다.

과거불인 제화갈라보살과 미래불인 자씨미륵보살을 모셔 놓고 있다. 그리고 그 뒤로 10대 제자와 1,250아라한상을 모셔 놓고 있다. 그리고 한쪽 벽에는 그들이 누구인지를 알려주는 모형도가 있다.

전각 앞에 걸린 현수막을 보니 미소에는 자비의 미소, 염화의 미소, 나한님의 미소 등 3가지가 있다고 한다. 첫 번째는 부처님께서 깨달음을 이루신 후 고통받는 일체중생을 대자대비로 안아 주시는 자비의 미소이다. 두 번째는 부처님께서 영산회상에서 설법하실 때 꽃비가 내리자 꽃 한 송이를 대중에게 보이시니 마하가섭만이 뜻을 알아 미소 짓자 "나의 정법안장과 열반묘심을 가섭에게 전하노라"라고 말씀하시며 지으신 이심전심의 미소가 있다. 세 번째는 아라한과를 증득한 분인 나한님이 염화미소전을 참배하는 모든 이들에게 복과 지혜가 가득하시길 바라며 짓는 미소다.

그러면서 미소전 참배객들에게 법당에서 눈이 마주치는 나한님의 미소를 통해 세상에서 가장 아름다운 미소를 만들라고 한다. 참배를 하면서 영천 은해사 거조암에서 본 영산전의 나한들 모습을 떠올렸다.

대웅보전 남쪽의 조그만 동산에는 소위 '초전법륜상'이 조성되어 있다. 부처님이 29세에 출가하여 6년 고행 끝에 35세 되던 해에 완전한 깨달음을 얻은 후 함께 수행했던 5명의 수행자들에게 녹야원에서 처음으로 불법을 설하시는 모습을 담은 것이다. 화성의 신흥사에 있는 불교교화공원에서도 마주쳤던 '초전법륜상'의 모습이라 낯설지 않았다.

그 옆 왼쪽 언덕 위에 6각형의 목조전각인 삼성여락정이 있다. 여느 절의 삼성각에 해당하는 전각인데 규모가 크다. 법당에는 칠성님, 독성

1 초전법륜상

2 석조미륵입상

3 지장보살상

서울·경기·인천지역 순례

님, 산신님의 탱화를 모셔 놓고 있다. 참배를 마치고 봉산의 둘레길을
돌아서 절마당으로 내려왔다.

내려오는 길옆에 '개금법당'이라는 편액이 붙어 있는 조그만 전각에
개금불사 공덕에 대한 안내 글이 있다.

> '부처님을 조성하거나 부처님 몸을 금으로 단장하는
> 인연을 만나기는 쉽지 않은 일이다.
> 불상을 장엄함은 곧 내 마음의 청정한 법성을 장엄함이다.
> 또 개금을 한다는 것은 내 마음의 어리석음을 지우고,
> 맑고 밝은 본래의 청정한 법신으로 돌아가고자 함이다.
> 그러니 부처님 불사나 개금불사는 그 어떤 불사보다도
> 무량한 공덕을 짓는 것이니
> 이런 기이한 인연의 계기를 만들라'

마당 저편에는 석조미륵입상이 우뚝 서 있다. 그 아래 전각으로 향
하니 지장전이 있다. 그 아래 야외에는 지장보살상이 조성되어 있다.
참배하고 마당 앞에서 장엄한 황금법당을 보면서 수국사 순례를 마무
리하고 절을 빠져 나와 버스에 올랐다.

16

만일결사도량
용인 법륜사

법륜사 전경

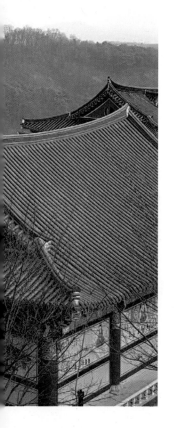

최근에 창건된 비구니스님들의 수행도량인 용인龍仁의 문수산文殊山 법륜사를 순례하기로 하고 집을 나섰다. 용인시내를 통과해 남쪽의 원삼 쪽으로 지방도로를 달려 문수산 기슭에 우뚝 서 있는 법륜사에 도착했다.

관음성지 발원기도도량인 법륜사法輪寺는 창건주 상륜 큰스님의 관세음보살 현몽으로 인연이 닿아 창건된 도량이다. 정진 수행하고 있던 스님의 꿈에 수백 그루의 밤나무와 참나무가 우거진 아담한 산자락이 보였다. 그 산기슭에 맑은 샘물이 흐르고 있었는데 스님이 샘터에 이르자 갑자기 커다란 청룡이 하늘로 높이 치솟으며 맑은 물을 뿜어내었다고 한다. 청룡이 사라진 자리에 관세음보살이 나타나 "이곳에서 수행하라"는 말씀을 했다고 한다.

이런 일이 있고 얼마 후 현재의 도량이 꿈에 보

았던 그곳임을 알아보고 10년 불사 끝에 용인 문수산에 법륜사를 2005년에 창건했다.

지하 1층 지상 4층의 거대한 건물인 서래당의 옆에 만들어진 계단을 통해 절마당으로 올라갔다. 계단 중앙에 자리한 커다란 돌에 '만일결사 도량, 행복한 불자 됩시다. 붓다로 살자. 입재 2014. 8. 17'라고 음각된 석판이 눈에 들어온다. 이곳에서 만일결사기도가 이루어지고 있음을 알 수 있다. 계단을 오르니 그 옆의 나뭇가지에 걸려 있는 글귀가 눈에 들어온다.

'변한다고 하는 건 많은 노력이 필요하다.
바뀌려면 용기와 실천이 필요하다.'

절마당에 들어서니 웅장한 가람의 모습이 분위기를 압도한다. 중심 전각으로서 독특한 양식의 대웅전으로 발걸음을 옮겼다. 남방불교 양식의 아卍자 복개형의 대웅전은 민족의 영산 백두산생 붉은 소나무紅松로 건축되었다. 잔잔한 연못에 돌을 던지면 물결이 겹겹이 퍼져 나가듯 부처님의 진리가 무한히 퍼져 나가라는 의미로 아卍자형 복개건물로 지었다고 한다. 지붕 위의 황금탑은 6송이의 연꽃과 8장의 연잎을 겹겹으로 표현하고 있다. 이는 6바라밀과 8정도를 상징한다고 한다. 탑꼭대기의 수정구슬은 부처님의 자비광명을 의미한다.

법당 안으로 들어가니 어마어마한 크기의 석가모니 석불이 모셔져 있다. 석굴암 본존불 3배 규모라고 하는데 전각 안에 조성된 석물로서는

대웅전

세계최대의 석불이라고 한다. 석상의 무게가 53톤 중량에 달하며 16척의 장육상이라고 한다. 그 좌우의 문수보살과 보현보살 석상도 33톤 규모에 이른다. 어떻게 법당 안에 이렇게 거대한 불상을 조성했을까 궁금했다. 알고 보니 워낙 거대하여 본존불을 먼저 모시고 나서 대웅전 전각을 건축했다고 한다.

법당 좌측벽면에는 불법을 호지하는 104위 신중님과 동진童眞보안보살상, 우측에는 1250불보살님을 봉안하여 찾는 이들의 신심을 더욱 고취하고 있다.

법당 참배를 마치고 나오니 10개 기둥의 한글 주련이 눈에 들어온다.

부처님의 몸은 온 우주에 두루하시며
과거 현재 미래의 여래께서는 모두 한 몸이시라.
크나큰 원력은 구름같이 다함이 없이 항상한데
깨달음의 바다는 넓고 넓어 헤아리기가 어렵네.

모든 중생 모여 여러 부처님 에워싸니

크고 맑고 깨끗한 오묘한 모습이 장엄하도다.

세존께서 설산 가운데 들어가서서

한번 앉으니 여섯 해 지남을 느끼지 못했네.

샛별을 보고 도를 깨치시고

말씀하신 진리 삼천세계에 두루하도다.

극락보전으로 향했다. 법당 안에는 목조아미타삼존불좌상을 주불로 그 왼쪽에 관세음보살, 오른쪽에 지장보살이 모셔져 있다.

참배를 마치고 그 뒤로 산언덕의 계단을 통해 올라가니 삼성각이다. 삼성각에는 중앙에 치성광여래, 그 좌우에는 산신과 홀로 수행하여 깨달음을 얻은 나반존자가 모셔져 있다.

참배를 마치고 전각 밖으로 나오니 법륜사 가람의 전체 모습이 한눈에 들어온다. 전경이 매우 아름답다. 구절초 등의 화초를 감상하며 계단이 아닌 대웅전 뒷길로 내려오니 커다란 전각이 서 있다. 이곳은 적묵당으로 스님들의 참선 수행공간인 제일선원이다.

관음전으로 향했다. 이곳은 세간 중생의 소리를 관하고 구하는 바에 따라 응해주시는 관세음보살이 계신 곳이다. 법당 안의 후불탱화는 관세음보살보문품의 게송을 조각한 것이라고 한다. 이 내용을 스토리텔링 기법으로 그림을 그려 내부벽화로 조성하고 있었다.

용수각으로 향했다. 이 자리는 창건자 상륜스님의 현몽에서 '청룡이

1 대웅전내 석조불상   2 극락보전내 목조아미타삼존불상

푸른 물을 힘차게 뿜었던 자리'로 예로부터 영험 있는 샘물로 잘 알려
진 약수터라고 한다. 용수석정의 물을 마시니 정말 감로수라는 생각이
들었다.

 3층석탑으로 발걸음을 옮겼다. 이 탑은 통일신라시대 석탑양식을 계
승한 일반형석탑으로 단층기단에 삼층탑신으로 구성되어 있다. 전체적

인 조각수법과 양식으로 보아 고려시대에 건립된 것으로 추정하고 있다. 현재 경기도 문화재자료 제145호로 지정되어 있다.

절마당 계단 옆에 범종각이 있다. 아亞자형의 전각이며 1,200관의 대종과 법고 목어 운판이 있다. 범종각 옆의 나뭇가지에 걸린 글귀가 눈에 들어온다.

'내 삶은 부처나 신이 계획하고 설계한 것이 아니다.
그것은 언제나 내 깊은 영혼의 선택이다.
그 모든 것은 내가 수긍했고, 원했기 때문에 일어난다.
그러니 누구를 탓하겠는가?'

이곳을 찾는 이들의 마음 자세가 어떠해야 하는지를 일깨워 주는 경구란 생각이 들었다.

법륜사 자료를 보니 상륜 큰스님이 법륜사 창건 당시에 서원한 내용이 있다. 법륜사가 역사에 길이 남을 비구니 수행도량이 되기를 바라는 마음으로 불사를 시작하여 이 세상에 다시없는 비구니 수행도량을 만들고자 정성을 다했다고 한다. 그리고 출가수행자나 재가수행자들에게 몸과 마음의 안식처가 되고 공부도량이 되기를 서원하였다고 한다.

언젠가 시간을 내어 이곳에서 몸과 마음을 다스리는 템플스테이를 해야겠다는 생각을 하며 절을 빠져 나왔다. 절 옆의 문수산 둘레길을 오르면서 법륜사의 전체적인 모습을 눈에 담았다.

제2장

충청지역
순례

17

국보 은진미륵의
논산 관촉사

은진미륵

어버이날도 다가오고 해서 부여 처가로 가는 길에 최근 보물에서 국보로 가치가 승격한 은진미륵이 있는 논산論山의 관촉사를 순례하기로 했다. 아내와 함께 차를 달려 서논산IC를 빠져나가 관촉사 일주문 근처에 차를 주차했다.

'반야산 관촉사般若山 灌燭寺' 현판이 걸려 있는 일주문을 통과해 조금을 오르니 천왕문이다. 이 문을 통과해 계단을 오르니 석문이 나온다. 여느 사찰에서는 볼 수 없는 특이한 모습의 문이다. 돌기둥 양쪽에 '해탈문解脫門'과 '관촉사灌燭寺'라는 한자가 음각으로 새겨져 있다.

이 석문이 일주문, 천왕문을 통과해 절마당으로 들어가기 전 마지막으로 만나는 산문[1], 다른 말로 불이문이다.

전해지는 말에 의하면 석조미륵보살입상을 세운 후, 참배객들이 너무 많이 몰려와 불상을 보호하기 위해 석문을 조성했다고 한다.

관촉사灌燭寺는 누가 언제 절을 창건했는지는 확실하게 알 수 없다.

....

1   절 또는 절의 바깥문.

단지 미륵보살입상에 관한 기록으로 추정할 수 있을 뿐이다. 고려 광종 19년인 968년에 혜명대사慧明大師가 조정의 명으로 공사를 시작하여 38년이 지난 목종 9년인 1006년에 미륵보살입상을 완성했다고 한다.

미륵보살입상은 자연 화강암 위에 조각한 높이 18.12미터, 둘레 9.9미터, 갓의 높이가 2.43미터인 우리나라 최대의 석불이다. 자세히 살펴보니 발 부분은 직접 암반에 조각하였고, 그 위에 허리 아랫부분과 머리를 포함한 상체부분을 각각 하나의 돌로 조각하여 얹어 놓았다.

이 미륵보살입상과 관련된 이야기가 있다. 고려 광종 때 한 여인이 반야산에 나물을 뜯으러 갔다. 산속에서 나물을 뜯고 있는데 어린아이의 울음소리를 듣게 되었다. 이상히 여긴 여인이 가까이 다가가 보니 어린아이는 보이지 않고 큰 돌 하나가 땅에서 솟아오르면서 어린아이의 울음소리를 내는 것이었다.

절마당으로 들어가는 입구인 해탈문

여인은 놀라서 집에 돌아와 사위에게 이 사실을 말하며 빨리 관가에 알리도록 했다. 이 이야기가 조정에까지 알려지게 되었고 임금도 그 사실을 알게 되었다. 임금은 신하들과 상의 끝에 "이는 필시 불상을 만들어 세우라는 하늘의 뜻"이라며 혜명대사로 하여금 그곳에 석불을 조성하도록 명을 내렸다.

혜명대사는 바위가 솟아오른 반야산으로 갔다. 천여 명의 인부와 함께 그 돌을 운반해 불상을 조성하기 시작한 지 38년 만에 대불사가 마무리되었다. 이렇게 불상을 조각해 놓았으나 그 규모가 거대하여 사람의 힘으로는 세울 도리가 없어 고민하고 있었다.

그러던 어느 날 산책 중 흙장난을 하며 놀고 있는 어린아이를 보게 되었다. 어린아이는 불상을 만드는 놀이를 하고 있었다. 큰 돌 하나를 세우고 흙을 그 주위에 쌓아 올린 후 돌덩이를 굴려서 그 위에 올리고 또 흙을 전과 같이 쌓아 올리고는 또 돌을 굴려 맨 윗부분을 올린 다음 주위의 흙을 파내니 돌부처만 남는 것이었다.

혜명은 이 놀이 모습을 보고서 미륵을 세울 수 있는 방법을 찾게 되었고, 마침내 이 거대한 불상을 세웠다고 한다.

그때 이 어린아이는 문수보살로서 잠시 동자로 화현하여 혜명에게 지혜를 준 것이다. 이렇게 하여 석불이 완성되니 자연석 세 토막으로 조성된 대한민국 제일의 석불이 된 것이다.

그 당시 중국 송나라의 고승인 지안이 이곳의 미륵보살입상을 찾아와서 "아, 마치 촛불을 보는 것같이 빛나는 미륵불이구나" 하면서 감탄을 했단다. 그래서 근처에 절을 세우고 이름을 관촉사觀燭寺로 했다가 그 후 다시 관촉사灌燭寺로 명칭을 바꾸었다.

은진미륵 앞의 석등, 삼층석탑, 배례석

관촉사는 은진미륵으로 대변되는 사찰로서 지금은 대한불교조계종 제6교구 본사인 마곡사의 말사이다. 우리에게 '은진미륵'으로 널리 알려진 석조 미륵보살입상은 그동안 보물로 지정되어 있다가 그 가치가 재조명되면서 2018년 국보로 승격되었다.

미륵보살입상 앞에는 고려시대에 조성된 보물 제232호인 관촉사 석등이 있다. 문화해설사의 설명으로는 화엄사의 석등 다음으로 큰 것이 이곳 관촉사의 석등이라고 한다. 그 뒤에는 충청남도 유형문화재 제53호인 배례석과 탑이 서 있다. 배례석은 참배객들이 미륵불을 향하여 예를 올리는 곳이다. 여느 절에서는 보지 못했던 너비 0.4미터 길이 1.5미터의 장방형 화강암 위에 팔엽연화 3개가 실감 나게 조각되어 있다.

배례석 뒤 미륵보살입상 맞은편에는 미륵전이 있다. 법당 안에는 아무런 불상이 모셔져 있지 않다. 단지 미륵보살입상 쪽으로 중앙에 방석만 놓여 있고 북벽 중앙상단에는 유리벽이 설치되어 있어 여느 절의 적멸보궁처럼 미륵전 안에서 미륵보살입상을 보며 기도할 수 있도록 하였다.

충청지역 순례

미륵전을 나오니 종루 옆에 윤장
대가 있다. 티베트불교에서는 마니
차라고 불리는 것으로서 불교경전
을 넣은 책장에 축을 달아 돌릴 수
있게 만든 것으로, 윤장대를 한 번
돌리면 경전을 한 번 읽은 것과 같
은 공덕이 있다고 한다. 원래 불교
에서 공덕功德은 장차 좋은 과보를
얻기 위해 쌓는 신행을 말한다. 여
러 공덕 중에 법공덕은 경전을 읽

윤장대

는 독경, 경전을 옮겨 적는 사경, 경전을 간행하는 인경 등이 있다. 지
극한 신심으로 윤장대를 한번 돌리면 글을 읽지 못하는 이들도 경전을
한번 읽는 것과 같은 공덕이 쌓인다고 한다.

관촉사에서는 사찰을 찾는 이들이 자신의 삶을 한번 되돌아보고, 소
원이 성취되도록 발원문을 작성한 후 윤장대 안에 넣고 돌리도록 하고
있다. 윤장대를 한 번 돌리면서 나름의 소원을 빌었다.

중심전각인 대명광전으로 향했다. 법당 안으로 들어가니 비로자나
불을 주불로 그 좌우에 석가모니불과 노사나불이 모셔져 있다. 법당
안에 주지스님이 계신다. 좋은 인연을 맺었으니 개금불사에 동참을 권
하신다.

개금불사는 대명광전에 모셔져 있는 세 분의 부처님에게 새 옷을 지
어 드리는 것이란다. 부디 개금불사에 동참하여 선근공덕 짓고 부처님

관촉사 전경

의 가피를 받으란다. 아내가 스님의 말씀을 듣고 흔쾌히 개금불사에
동참약속을 한다. 삼존불 뒤에는 오백부처님이 빼곡히 모셔져 있다.
법당을 나오니 여느 절과 달리 한자가 아닌 한글로 만들어진 주련에 눈
길이 간다.

'인연 따라 감응하여 가피를 내리시나
큰 지혜광명의 자리 떠남이 없으시네
모든 중생들에게 화현을 나투시어
우주법계에 항상 하시는 부처님'

미륵전 옆에 있는 명부전 참배를 하고 그 옆의 계단으로 올라가니
칠성님, 독성님, 산신님을 모셔 놓은 삼성각이다. 전각 입구에 둥근 모

　　　　　　　　　　　　　　　　　충청지역 순례

습의 돌과 함께 설명글이 붙어 있다.

신앙심 깊은 어느 분이 꿈에 선몽을 받아 가져다 놓은 이 돌은 관촉사 경내에 놓여 있던 돌이란다. 마음을 잘못 먹은 어리석은 누군가가 돌을 훔쳐 달아났단다. 하지만 돌을 훔쳐 달아난 그가 꿈속에서 "이놈, 그 돌을 제자리에 되돌려 놓아라. 그렇지 않으면 화를 입느니라"는 부처님의 말씀을 듣고 제자리에 갖다 놓은 돌이란다.

삼성각 앞에 서서 내려다보니 은진미륵 등 전각들과 함께 논산의 지역이 한눈에 들어온다. 샘물터에서 돌확의 시원한 물로 목을 축이며 사찰순례를 마무리하고 석문을 통해 절을 빠져 나와 산길을 내려왔다.

18

세계최대와불
부여 미암사

세계최대의 금동와불

처가에 다니러 간 길에 세계최대와불이 있는 부여扶餘 미암사를 순례하기로 하고 부여-서천 간 도로를 이용해 미암사로 향했다. 부여읍에서 국도를 이용해 서천 쪽으로 20여 분을 달리니 '미암사' 안내 표지판이 서 있다.

이곳에서 얼마를 더 달리니 산길에 수많은 금동 부처님입상이 도열해 모셔져 있다. 여느 절에서 보지 못했던 196개의 금불상이 절 아래의 주차장까지 이어진다. 거대한 석축을 따라 길을 오르니 절마당이 나온다.

미암산의 가장 높은 봉우리 중턱에 위치한 미암사米嵒寺는 백제 무왕 4년인 602년에 관륵觀勒이 창건하였다. 그동안 여러 차례의 화재와 전란으로 인해 소실되었다가 1990년경에 복원되어 오늘에 이르고 있다. 경내에 있는 쌀바위 때문에 '쌀 미米'

입구의 금동불입상들

자를 써서 미암사란 이름이 붙여졌다.

길이 27미터 높이 7미터 폭 6미터의 거대한 금동와불金銅臥佛이 눈앞에 모습을 드러낸다. 와불법당이라고 이름 붙여진 곳인데 이곳이 여느 절의 중심법당인 대웅전의 역할을 한다. 부처님이 열반에 드실 때의 모습인 와불의 발쪽으로 돌아가면 발바닥에 1만6천자의 '옴' 자를 새겨 놓았다. '옴'이란 진언의 처음에 놓는 신성한 소리로 불교에서 의식을 행하거나 수행할 때 염송하는 최초의 소리이다.

조심스레 와불 뒤로 가면 종아리 부분에 문이 있다. 안으로 들어가면 와불의 몸속인데 이곳이 법당이다. 법당에는 머리 쪽으로 삼존불과 함께 부처님의 진신사리가 모셔져 있다.

진신사리는 1997년 13세의 자명린포체스님이 해외만행차 한국에 들렸을 때 그 기념으로 옥천 거사가 받아서 보관하고 있다 가 1998년 미암사에 기증한 것이다. 이 진신사리는 2004 년 세계최대 와불 준공 무렵 3 과로 증가해 불가사의한 일로 여겨졌다. 이후 이런 소문이

만6천자의 옴자가 새겨진 금동와불의 발바닥

널리 불자들에게 알려져 많은 사람이 찾는 기도처가 되었다고 한다. 법당 안에는 불상 2만 개가 빼곡하게 조성되어 있다.

참배를 마치고 밖으로 나오는데 부처님이 열반 당시 하신 말씀이 기억난다. 부처님은 지금의 비서실장과 같은 역할을 하는 아난에게 사라나무 밑에 침상을 준비시켰다. 부처님은 북쪽으로 머리를 두고 얼굴은 서쪽을 향하고 오른쪽 옆구리를 땅에 대고 조용히 누우셨다. 그리고 아난에게 말씀하셨다.

"오늘 밤 자정 무렵 열반에 든다. 이제 80세의 나이가 되었구나. 비유하건데, 낡은 수레가 움직일 수 없음과 같은 이치이다. 육신은 부모에게서 물려받은 것인 만큼, 늙고 병들어 없어지는 것은 당연한 일이다. '모든 형상 있는 것들은 다 사라져 없어지리

금동와불법당

달마대사비

라'고 내가 가르치지 않았느냐. 그러나 여래는 육신이 아닌 깨달음의 지혜이니라. 내가 가르친 진리는 언제나 너희들과 함께하리라."

와불법당 옆에는 약수터가 있다. 신천약수로 불리우는 약수 한 잔을 단숨에 들이키고 쌀바위로 향하는데 달마상 대작비가 서 있다. 중국남북조시대의 고승인 달마는 인도에서 포교의 뜻을 품고 중국 남조의 양梁에 도착하였다. 그를 맞이한 양나라 황제 양무제는 달마에게 물었다.

"나는 절을 많이 짓고 경을 간행하고 스님을 양성하는 등 많은 보시를 했는데 그 공덕은 얼마나 되오?"
"아무런 공덕이 없습니다."
…
"짐을 마주하고 있는 사람은 누구입니까?"
"모릅니다."

이렇게 달마와 양무제와의 역사적 만남 이후 달마는 갈대잎을 꺾어 타고 양자강을 건너 숭산 소림사에 들어갔다. 이곳에서 9년간 면벽좌선 끝에 '사람의 마음은 본래 청정한 것임'을 깨닫고 그 선법을 제자 혜가에게 전수했다. 이로써 달마는 중국 선불교의 초조가 되어 불교를 완성의 단계로 끌어 올린 분이 되었다.

선불교의 초조인 달마상을 미암사에 세운 것은 선과 교의 전법도량임을 상징한 것이란다. 비신의 전면에는 달마가 갈대잎을 꺾어 타고 양자강을 건너서 숭산의 소림사로 향하는 내용의 탁본을 2002년 전달받아 새겼다고 한다.

이곳 미암사에는 쌀바위가 있다. 이 쌀바위는 그 형태에 비유하여 다른 말로 음경석, 촛대바위, 부처바위라고도 한다. 바위는 대규모의 석영맥이 돌출된 형상으로 맥의 관입시 기존암을 포획하여 관입의 증거가 뚜렷한 데다 풍화로 인해 붉은색 성분이 착색되는 등 지질학적 가치도 크다고 한다. 선캄브리아대의 호상편마암으로 석영과 장석류로 구성되는데 흰색의 석영이 많이 분포되어 있어 쌀바위로 불리게 된 것으로 보인다고 한다.

이곳 쌀바위에 얽힌 전설이 전해 내려오고 있다.

백제 때 한 할머니가 아들을 낳지 못해 마음 졸이는 며느리를 위해 안타까운 마음에 대를 이을 손자를 얻고자 쌀바위를 찾아가 집안에 쌀이 떨어진 줄도 모를 정도로 정성을 다해 불공을 드렸다. 기도 중 관세음보살이 현몽해 소원을 들어준다며 쌀 세 톨을 꺼내 바위에 심으라 했다. 거기서 하루 세끼 먹을 쌀이 나오면 끼니를 지을 때 이 쌀로 지으라는 것이었다. 할머니가 꿈에서 깨어 보니 바위에서 정말 쌀이 나왔고, 손자도 얻어 행복하게 살았다.

소원이 이뤄지자 욕심이 생긴 할머니는 더 많은 쌀을 얻으려고 부지깽이로 쌀이 나온 구멍을 후벼 팠다. 그런데 그 구멍에서는 쌀이 나오

쌀바위

지 않았다. 핏물만 흘러나와 주변을 핏빛으로 물들였단다.

이 전설은 인간이 현실에 만족하지 못하고 욕심을 내면 결국 모든 것을 잃을 수 있다는 것을 교훈을 상징적으로 보여 준다.

쌀바위에서 방사되는 원적외선은 각종 질병의 원인이 되는 세균을 없애 노화방지, 신진대사촉진 등에 도움이 되므로 지극정성으로 108배 기도를 하고 바위를 껴안으면 소원이 이루어진단다.

쌀바위를 참배한 후 마당 끝에 있는 산신각으로 들어가 참배를 하고 나와 담장 너머를 보니 멀리 산과 들이 눈앞에 전개된다.

미암사 순례를 이렇게 마치고 절마당을 빠져 나와 고즈넉한 분위기가 감도는 높이 쌓인 축대 옆길을 따라 내려와서 주차장으로 향했다.

19

천년지장도량
천안 광덕사

노사나불괘불탱

고창 선운사의 도솔암, 철원의 심원사와 함께 3대지장도량의 하나인 천안天安의 광덕사를 순례하기로 마음먹고 이른 아침 집을 나섰다. 광덕사는 천안시와 아산시의 행정경계를 이루는 해발 699미터의 광덕산 자락에 있는 사찰이다. 차로 1시간 10분여를 달려 절 입구에 도착했다. 일주문에 '태화산 광덕사泰華山 廣德寺'라는 현판이 걸려 있다.

광덕사는 신라 진덕여왕 6년인 652년 자장율사가 당에서 가져온 부처님 치아사리 1과와 사리 6과, 금은자, 화엄경, 법화경, 은중경 각 2부 등을 승려 진산에게 건네주어 도량을 연 것이 시초이다.

조선 세조 10년인 1464년 세조가 이곳에 거동하였을 때 한계희韓繼禧에게 명하여 위전位田을 지급하고 각종 요역을 면제한다는 내용의 전지를 내렸다. 그 뒤 광덕사는 전국에서 손꼽히는 대사찰이 되었다. 그러나 선조 25년인 1592년 임진왜란 때 모두 소실되었으며, 가까스로 대웅전과 천불전만 중건되어 큰절의 명맥을 유지하였다. 그 후 1981년 대웅전과 천불전 등을 중축하여 오늘에 이르고 있다. 현재 대한불교조계종 제6교구 본사인 마곡사의 말사이다.

1 호두나무시식지비석 2 보화루밑의 금강역사상

광덕사에는 고려사경인 보물 제390호의 〈금은자법화경〉 6책과 천불전의 대형후불탱화 3점, 〈금자사적기〉〈세조어첩〉 등의 문화재가 소장되어 있다.

일주문을 통과해 조금을 걸어 극락교를 건너니 제일 먼저 반기는 것은 '유청신선생 호두나무 시식지'라는 비석과 함께 서 있는 호두나무다. 천연기념물 제398호로 지정된 이 호두나무는 중국이 원산지인 나무로 수령이 400여 년 되었고 그 높이가 18.2미터 둘레가 2.6미터에 달한다.

고려 충렬왕 16년인 1290년에 유청신柳清臣이 중국 원나라에서 임금의 수레를 모시고 돌아올 때 갖고 온 묘목나무를 이곳 광덕사에 심었다고 전해지고 있다. 그렇게 최초로 전해진 호두나무가 우리나라 호두의 시초가 된 것이다. 이후 잘 보존하여 오늘날 천안이 호두의 주산지로 자리매김하게 되었다. 천안 호두과자가 유명하게 된 이유를 이제야 알 것 같았다.

1 대웅전계단의 석사자상 2 대웅전

계단을 올라 2층 보화루 누각을 누하진입하고자 했다. 광덕사 경내
로 들어가기 위해 반드시 지나야 할 길목이다. 누각 밑에는 종무소가
있다. 사무실에 들러 광덕사 자료를 얻어 들고 누하진입하는데 금강문
이 나온다. 양쪽 대문에 금강역사상이 모셔져 있다. 이곳 광덕사에는 사
천왕을 모신 천왕문이 없고 금강문이 있다. 금강문을 거쳐 계단을 올라
절마당에서 뒤를 보니 누하진입한 누각에 '보화루'란 편액이 걸려 있다.

절마당 중앙에 중심전각인 대웅전이 보인다. 먼저 마당을 가로질러
대웅전으로 다가가니, 계단에 석사자상이 양쪽으로 조성되어 있다. 하
늘을 보는 형태가 사람 얼굴과 비슷한 이 석상은 입을 다문 형상으로
마모가 심해 사자의 모습을 찾아보기가 어렵다. 조선시대에 만든 것으
로 추정되며 아마도 화재로부터 사찰을 지키고자 세운 해태상으로 추
정한단다. 1984년 충남문화재자료 제252호로 지정되었다.
대웅전은 고종 9년인 1872년에 중건하였던 것을 1983년에 철웅스님
이 해체 복원하였다. 법당으로 들어가니 석가여래불을 주불로 그 오른

충청지역 순례

대웅전 삼존불

쪽에 아미타여래불과 왼쪽에 약사여래불이 모셔져 있다. 법당참배를
마치고 나와 절마당을 바라보니 마당 오른쪽에 숙선당, 왼쪽에 육화당
이 서 있다.

　대웅전 옆의 명부전으로 향했다. 이곳은 명부세계의 주인인 지장보
살과 시왕十王을 모시는 전각이다. 법당 안에는 지장보살을 중심으로
그 좌우에 문인의 모습을 한 무독귀왕과 젊은 수도승인 도명존자를 모
셔 놓고 있다. 그 좌우에는 명부를 심판하는 시왕과 동자상 역사상 등
이 모셔져 있다.

　명부전을 참배하고 나오니 외벽 벽화에 눈길이 간다. 명부의 시왕들
이 끌려온 망자의 죄상을 살펴보는 모습이 그려져 있다. 영화 '신과 함
께'의 한 장면을 보는 듯하다.

　아내가 절마당 바깥 영역에 있는 산신각과 천불전을 다녀오잔다. 산
신각은 계단을 가파르게 올라야 갈 수 있다. 아름다운 계단을 올라 산
신각으로 향했다. 산신은 원래 불교와는 관계가 없는 민족고유의 토

속신이었다. 불교가 재래의 토속신앙을 수용하면서 호법신중의 하나로 삼아 불도와 사찰을 호위하는 역할의 일부를 '산신'에게 맡기게 되었다. 전각 안으로 들어가니 산신뿐 아니라 여느 절의 삼성각처럼 칠성여래와 나반존자인 독성님도 모셔져 있다.

산신각 참배 후 계단을 내려오니 오른쪽에 '천불전 가는 길' 푯말이 서 있다. 조금을 걸어 화장교華藏橋를 건너 숲속 계단을 오르니 천불전이 서 있다. '모든 중생이 다 부처요, 부처가 될 수 있다'는 의미로 천불상을 봉안한 전각이다. 이 불전은 원래 있던 건물을 철거하고 1975년에 새로 지었다. 이후 1998년 화재로 소실된 것을 최근에 복원했다.

법당 안으로 들어가니 비로자나불을 주불로 그 좌우에 가섭존자와 아난존자가 모셔져 있다. 불상 뒤에는 과거·현재·미래의 천불을 그린 불화가 봉안되어 있다.

참배를 마치고 나와 전각 앞에 서서 밑을 내려다보니 다리 건너 숲속에 '지장보살상'이 서 있다. 광덕사가 '영혼의 쉼터 지장도량'임을 보여 주는 것 같다는 생각을 하면서 그곳으로 다가갔다.

지장보살상을 참배하고 샘물터에서 샘물 한 바가지로 갈증을 해소하고 다시 절마당으로 발걸음을 옮겼다. 대웅전 앞마당에 삼층석탑이 서 있다. 2층의 기단 위에 3층의 탑신을 올린 모습의 석탑이다. 전체적으로 통일신라시대의 석탑양식을 따르고 있지만, 아래층 기단의 기둥장식이 생략되고, 지붕의 돌받침이 4단으로 줄어드는 점 등으로 보아 고려전기의 작품으로 추정된다고 한다. 지금 현재 충남유형문화재 제

120호로 지정되어 있다.

대웅전 앞에서 법당일을 봉사하고 계시는 보살에게 물었다.

"보살님, 노사나불괘불탱을 어디서 볼 수 있어요?"

"보화루 안에 모셔져 있어요."

"어떻게 하면 볼 수 있나요?"

"제가 열쇠를 갖고 올테니 보화루 앞에서 기다리세요."

"보살님 감사합니다."

이렇게 보살님의 도움으로 보화루 안으로 들어가 이곳에 오면 보고 싶었던 보물 제1261호로 지정된 '노사나불괘불탱'을 원본이 아닌 축소된 형태의 모습으로 보는 기쁨을 가졌다. 괘불은 큰 법회나 의식을 열 때 야외에 걸고 예배하는 대형불화를 말한다. 이곳의 괘불은 조선 영조 때 제작된 것으로, 삼신불인 비로자나불, 석가모니불, 노사나불 가운데 노사나불을 중심으로 그렸다.

자세히 살펴보니 중생들에게 깨달음의 길을 가르쳐주기 위해 이 세상에 직접 모습을 나타낸 부처님인 노사나불을 중앙에 배치하고 주위에 2대 보살, 2대 제자, 사천왕을 그려 놓았다. 노사나불의 가슴에는 붉은색으로 만卍자를 선명하게 새겼다.

이렇게 귀한 보물을 친견하고 기쁜 마음으로 절을 빠져 나와 주변의 풍광을 감상하며 태화산 계곡길을 달려 마곡사 쪽으로 향했다.

20

마애여래불의
홍성 용봉사

신경리마애여래입상

지역산악회의 정기산행을 홍성洪城의 용봉산에서 갖기로 했다. 산행 길에 용봉사를 순례하기로 마음먹고 용봉산을 오르기 시작했다. 푸른 솔밭길을 지나 구룡대라고 이름 붙여진 조그만 다리를 지나 용봉산 입구에 도착했다.

전날 비가 온 뒤라 상큼한 솔향기가 온몸을 감싸는 가운데 산길로 접어들었다. 이정표를 보니 용봉사가 1.1킬로미터이다. 신선한 산공기를 마시며 계곡을 따라 오르니 일주문이 눈에 들어온다. 상단에 '용봉산 용봉사龍鳳山 龍鳳寺'란 현판이 걸려 있다.

용봉사는 해발 381미터의 용봉산의 북쪽 중턱에 있는 사찰로 대한 불교조계종 제7교구 수덕사의 말사이다. 정확한 창건연대는 알 수 없으나 이곳에서 발견된 유물 등 여러 자료를 통해 백제 말로 추정하고 있다. 또 조선 숙종 16년인 1690년에 조성한 영산회상괘불이 있는 것으로 보아 그 무렵에도 사찰이 존속하고 있었다. 이 괘불은 영산회상도로 보물 제1262호로 지정되어 있다. 그 후 폐사되다시피 했다가 1906년에 새로 중건한 사찰이다.

정원명 마애불

절 경내로 올라가는 길 왼쪽 바위에 마애불이 바위 속에 숨은 듯이 모셔져 있다. 2.1미터 크기의 '정원명 마애불'이다. 바위면을 감실을 파듯이 파 들어가 불상을 조각했다. 오른쪽 어깨 옆 바위면에 한자글이 새겨져 있다. 글자가 많이 마모되어 있긴 하지만 3행 31자의 불상조성관련 글이 새겨져 있어 대강의 조성연대를 짐작할 수 있다고 한다. 자료에 의하면 통일신라 소성왕 1년인 799년에 장진대사가 발원하여 원오법사가 새겼다고 한다.

조성연대가 확실한 마애불은 다른 불상의 연대를 추정하는 데 중요한 단서가 된다고 하니 이 불상의 사료적 가치가 높은 것을 알 수 있다. 충청남도 유형문화재 제118호로 지정되어 있다.

계단을 통해 절마당으로 들어가니 대웅전 앞마당에 9층석탑이 서 있다. 그 옆의 샘물터에 약사여래불상이 모셔져 있다. 아마도 파불된 불상을 보완하여 조성한 듯하다. 돌계단을 올라 대웅전으로 들어갔다. 서방정토 극락세계에 머물면서 법을 설한다는 아미타불을 주불로 그 좌우에 관세음보살과 대세지보살이 봉안되어 있다.

1 용봉사 전경
2 대웅전 삼존불상

대웅전 참배를 하고 법당을 나와 오른쪽 계단위로 올라 삼성각 참배를
한 후 절마당으로 내려와 지장전으로 향했다. 법당에는 지장보살과 목각
탱이 조성되어 있다. 그리고 그 옆에는 영산회 괘불탱이 봉안되어 있다.

지장전 목각탱

이곳 영산회 괘불탱은 석가모니가 영축산에서 설법하는 장면을 그린 것으로 석가모니를 중앙에 모시고 8대보살, 10대제자 등이 주위를 에워싸고 있는 모습이다. 조선 숙종의 아들이 죽자 그의 명복을 빌고자 제작했다고 한다. 숙종 16년인 1690년에 승려화가 해숙 등 7명이 그린 이 괘불은 그 크기가 가로 5.5미터 세로 5.93미터에 달하며 보물 제1262호로 지정되어 있다.

종무소에 들어가니 아무도 없다. 종무소 벽에 '희망의 빛'이라는 제목의 작자 미상의 글이 붙어 있다.

'언제부터인가 형체도 없는 공간에
나의 빛을 밝혀왔다네
어느 순간 그 공간에 한 줄기 빛이 내려와
희망의 빛이 되었다네

그 빛은 보이지 않아도 빛나고 있다네

그 빛은 생각지 않아도 빛나고 있다네

그 빛은 느끼지 않아도 빛나고 있다네

그 빛은 어떠한 그림자도 막을 수 없다네

그 빛은 어떠한 태풍도 근접을 못한다네

그 빛은 우리의 영혼을 밝혀주는 빛이라네'

-용봉산 용봉사-

종무소 아래의 산자락에는 부도탑이 있다. 부도는 승려의 유골을 안장한 묘탑으로 우리나라에서는 통일신라시대 9세기 초에 처음으로 나타났다. 이곳의 부도는 서쪽 능선의 옛 용봉사 절터에 있던 것으로 1906년경 옮겨온 것이란다. 그 아래에는 석조와 석구가 놓여있다. 석조는 스님들이 물을 담아오던 용기인데 직사각형 모양이다. 석구는 돌의 속을 파내어 곡식을 넣고 찧는 돌절구이다.

절 경내를 빠져 나와 용봉사 절터로 향했다. 이정표를 따라 오른쪽 가파른 산길로 200여 미터를 올라가면 용봉산 넓은 터에 우뚝 솟은 바위에 '신경리 마애여래입상'이라는 거대한 마애불입상이 있다. 이 부근이 원래의 용봉사 절터라고 한다. 마애불상 앞에 서서 아래를 바라다 보니 홍성읍내가 한눈에 들어온다.

마애불을 배경으로 인증샷을 만들고 불상을 바라보니 높이가 4미터에 이르는 만큼 자못 엄숙하고 권위 있게 보인다. 앞으로 조금 기운 바위면을 아래 절 입구에서 본 '정원명 마애불'처럼 감실을 파내듯이 파내어 안에 불상을 새겼다.

전체적으로 우람한 편이며 '정원명 마애불'처럼 머리 부분을 깊게 새겨 얼굴은 풍만한 편이고, 아래쪽으로 갈수록 신체표현이나 옷 주름은 얕은 돋을새김으로 되어있다. 이는 불상의 아래에서 바라보는 예배자들의 시선을 배려한 것이다. 머리 위쪽으로 바위 위에 보개처럼 돌 하나를 얹었다.

자료에 의하면 이런 모습의 마애불은 고려 초기에 만들어진 불상으로 보이며 현재 보물 제355호로 지정되어 있다.

용봉사 순례를 마치고 정상을 향해 산길을 올랐다. 용바위에서 최고봉까지 1.2킬로미터를 능선을 따라 걷는데 기묘한 바위들이 봉우리를 예쁘게 수놓고 있다. 삽살개바위, 물개바위를 거쳐 출렁다리를 통과하니 용봉산의 최고봉이다. 이곳에서 사방으로 탁 트인 산하를 눈에 담

석조와 석구

충청지역 순례

용봉산능선의 삽살개바위

고 다시 병풍바위를 거쳐 하산길을 재촉했다.

동행한 한상룡 거사와 이런저런 대화를 나누며 걷고 있는데 그냥 걷기보다는 신묘장구대다라니를 외우며 걸으면 덜 지루하다고 하며 권한다. 그의 말대로 외우며 걸으니 발걸음이 가벼워진다.

그는 또 '천수경'의 초입에 나오는 '수리수리 마하수리 수수리 사바하'의 뜻이 무엇인지를 나에게 묻는다. 내가 입을 깨끗이 하는 진언이라고 하자 정확하게 알려 주겠단다.

'수리수리 마하수리 수수리 사바하'에서 마하가 '아주 큰'이고, 수리는 '좋은 일(길상)'이며 사바하는 '성취되다'라는 뜻이다. 그러니 '좋은 일이 좋은 일이 아주 큰 좋은 일이 좋고도 좋은 일이 성취되게 하소서'라는 아주 좋은 말이니 남이 잘되길 기원할 때 사용하면 좋을 것 같다고 한다.

21

중악단 산신각의
공주 신원사

절마당

　계룡산의 3대사찰의 하나인 공주公州 신원사를 순례하기로 하고 아침 일찍 집을 나섰다. 1시간 30여 분 고속도로와 국도를 달린 끝에 갑사와 신원사의 갈림길에 도착했다. 이곳에서 오른쪽으로 10여 분을 더 달려가니 신원사 입구이다.

　공주 계룡산에는 예로부터 동서남북에 4대 사찰이 있었는데 신원사는 남사로 계룡산 남쪽을 대표하는 사찰에 속한다.

　신원사는 백제 의자왕 11년인 651년에 열반종의 개산조 보덕이 창건한 절이다. 신라 말 도선이 이곳을 지나다 법당만 남아 있던 절을 중창하였다. 고려 충렬왕 24년인 1298년 무기가 중건하였다.

　조선 태조 2년인 1393년에는 무학대사無學大師가 중창하면서 영원전을 지었고, 고종 3년인 1866년 관찰사 심상훈이 중수하면서 절의 이름을 신원사

와불모습의 산능선

新元寺라 하였다.

　이후 1876년 보연이 중건하였고 최근에는 중화스님이 중건하여 오늘에 이르고 있다. 현재 대한불교조계종 제6교구 본사인 마곡사의 말사이다.

　매표소를 통과해 산길로 들어서 '계룡산 신원사鷄龍山 新元寺' 편액이 걸려 있는 일주문을 통과해 조금을 더 가니 가파른 돌계단 위에 사천왕문이 서 있다. 사천왕께 참배하고 길을 따라 절마당으로 들어갔다. 마당에 동쪽의 산능선을 찍은 사진을 담은 액자가 서 있다. 누워 계신 부처님의 형상이다. 안내글을 보니 이곳에서 동쪽 능선을 보면 사진에서처럼 와불의 모습을 볼 수 있단다. 나도 동쪽 능선을 보며 내 손으로 구도를 잡아 사진을 찍어 보니 정말 누워 있는 부처님의 모습이 보인다.

　신기하다는 생각을 하며 절마당의 5층석탑으로 향했다. 석가여래진신사리를 모신 탑으로 고려 초의 양식인 이 탑은 충남유형문화재 제31

대웅전의 삼존불

호로 지정되어 있다.

탑돌이를 하고 마당 정면의 중심법당 대웅전으로 발걸음을 옮겼다. 대웅전은 법당 안으로 들어가니 중앙에는 서방정토 극락세계에 머물면서 법을 설한다는 아미타불을, 그 좌우에는 대세지보살과 관세음보살을 모셔 놓고 있다. 참배를 마치고 나오니 기둥의 주련이 눈에 들어온다.

찰진심념가수지刹塵心念可數知 시방세계 모든 먼지 몇 개인가 헤아리고
대해중수가음진大海中水可飮盡 큰 바다의 맑은 물을 남김없이 들이키며
허공가량풍가격虛空可量風可擊 저 허공의 크기 재고 바람 묶는 재주라도
무능진설불공덕無能盡說佛功德 부처님의 크신 공덕 다 말하지 못하리라

대웅전 옆에 빨간 자태를 뽐내고 있는 배롱나무가 서 있다. 오늘도 사진 관련 동호인들이 옹기종기 모여 나무에 사진기를 들이대고 아름

다운 나무의 모습을 찍고 있다.

그 옆에는 조그마한 전각이 있는데 독성각이다. 인간의 생로병사를 주관하는 무의 신령인 칠원성군과 함께 남의 도움을 받지 않고 홀로 깨달아 성인이 된 나반존자가 모셔져 있다. 여느 절에서는 삼성각이라 하여 칠원성군, 나반존자와 함께 산신을 모셔 놓고 있는데 이곳은 산신을 모시고 있지 않다. 산신을 중악단에 따로 모시고 있으므로 그런 것 같다.

대웅전에서 동쪽으로 천수관음전을 가는 길목에 서 있는 나뭇가지에 성철스님이 남긴 글이 걸려 있다.

'용맹 가운데 가장 큰 용맹은 옳고도 지는 것이다' -성철-

천수관음전으로 들어가니 중앙에 관세음보살좌상이 모셔져 있고 그 주위 3벽에 빼곡하게 부처님이 조성되어 있다.

천수관음전을 참배하고 절마당의 영원전으로 향했다. 전각 상단에 이름이 생소한 '영원전靈源殿' 편액이 걸려 있다. 자세히 보니 지장보살과 시왕을 모신 전각이다. 일반 사찰에서 지장보살을 주불로 모셔 놓은 전각을 지장전, 명부전, 시왕전 또는 명주전이라고 하는데 이곳은 영원전靈源殿이라는 편액을 걸어 놓았다.

조선왕실과 관련된 건물로 영원전이란 명칭의 전각은 여느 사찰에서는 찾아볼 수 없는 신원사만의 특징이다. 조선 초기 무학대사가 중창하면서 이 전각을 지은 것이다.

영원전 옆으로 동쪽 50여 미터 거리에 있는 구릉지에 보물 제1293호

1 산신각 중악단 2 산신각 중악단의 산신

로 지정된 산신각인 중악단中嶽壇이 있다. 이곳은 조선 초기, 무학대사
의 꿈에 산신이 나타났다는 말을 듣고 태조 3년인 1394년에 처음 제사
를 지낸 곳이다. 본래는 계룡산의 산신제단인 계룡단이었다. 그러다가
효종 2년인 1651년에 제단이 폐지되었다. 그 후 조선 말 고종 16년인
1879년에 명성왕후의 명으로 다시 제단을 짓고 묘향산에는 상악단, 지
리산에는 하악단을 두고 있었으므로 중악단으로 고쳐 부르게 되었다
고 한다. 우리나라 산악신앙의 제단으로 중요한 의미를 지닌 곳이다.
현재 상악단, 하악단은 없어지고 중악단인 이곳만 나라에서 산신에게
제사를 지내던 궁궐 형태의 유일한 유적으로 보존되어 있다.

　구릉지에 대문간채, 중문간채, 중악단이 일직선상으로 배치되어 있
다. 관리보살이 보는 가운데 대문간채를 통과해 중문간채로 들어가니
양쪽 문에 신중님이 그림으로 모셔져 있다. 마당을 통과해 축대위에
장엄하게 서 있는 중악단으로 들어가니 중앙에 독특한 모습의 산신님
을 모셔 놓고 있다. 참배하고 나와 주련에 눈길이 간다.

영산석일여래촉靈山昔日如來囑 오랜 옛날 영산회상여래 부촉 받으시고

위진강산도중생威振江山度衆生 크신 위엄 갖추시고 중생제도 하시어라

만리백운청장리萬里白雲淸嶂裡 수만 리에 흰 구름과 깊고 푸른 산속에서

운거학가임한정雲車鶴駕任閒幀 학이 끄는 구름수레 한가로이 지내시네

　중악단 참배를 마치고 나와 절마당의 대웅전 오른쪽에 있는 노사나
전으로 향했다. 최근에 새로 지은 전각으로 국보 제299호로 지정된 노
사나불괘불탱을 보존하기 위해 지어졌다. 국보는 전각 안 나무 벽 뒤
에 보존되어 있다. 노사나불이 영취산에서 설법하는 장면을 표현하고
있는 노사나불괘불탱은 길이 11.18미터, 폭 6.88미터 크기로 노사나불
이 단독으로 중생에게 설법하는 모습을 담고 있는데, 노사나불을 중심
으로 좌우에 10대보살과 10대제자, 사천왕상이 그려져 있다. 노사나전
안에는 중앙에 진품과 같은 크기의 영인본인 노사나불괘불탱이 모셔
져 있다.

　이렇게 계룡산의 신원사를 순례하고 나와 동학사를 다녀가기로 하
고 계룡산 동학사로 차를 몰았다.

노사나불괘불탱

22

승가교육도량
계룡산 동학사

절마당에서 본 전경

공주 신원사를 순례하고 절을 빠져나오면서 같은 계룡산 내에 있는 동학사를 순례하고자 30여 분 차를 몰아 도착했다. '계룡산 동학사鷄龍山東鶴寺'란 한자현판이 걸려 있는 일주문을 거쳐 아름드리나무와 함께 녹음이 우거진 계곡을 1.3킬로미터가량 따라 오르니 오른쪽에 절이 나타난다.

동학사의 유래를 살펴보면 신라 성덕왕 23년인 724년 회의화상懷義和尙이 이곳에 절을 창건하고 문수보살이 상주하는 도량이라고 하여 청량사라 이름하였다. 고려 태조 3년인 920년에 도선국사道詵國師가 중창하며 고려왕조의 국운을 기원하면서 고려 태조 왕건의 원당이 되었다.

고려 태조 19년인 936년 신라가 멸망하자 유거달柳車達이 이 절에 와서 신라의 시조와 충신 박제상의 초혼제를 지내기 위해 동학사東鶴祠를 지었다. 그리고 사찰을 확장한 뒤 절 이름도 동학사東鶴寺로 바꾸었다.

조선 영조 4년인 1728년 신천영의 난으로 모두 소실된 것을 순조 14년인 1814년 월인선사月印禪師가 신축하였다. 고종 1년인 1864년 금강산에 있던 만화 보선선사普善禪師가 이 절에 와서 옛 건물을 모두 헐고 건물 40칸을 지었다.

그 뒤 만화 보선선사에게서 불교 경론을 배운 경허선사가 고종 8년인 1871년 동학사에서 강의를 열었고, 1879년에는 이곳에서 큰 깨달음을 얻어 한국의 선풍을 드날렸다.

이후 1950년 한국전쟁 때 옛 건물이 모두 소실되었다가 1960년 이후 서서히 중건되어 오늘에 이르고 있다.

현재 천년고찰 동학사는 대한불교조계종 제6교구 본사인 마곡사의 말사이다. 전통과 미래를 열어 가는 비구니 승가교육의 혁신도량으로서 자리매김하고 있다. 지금도 150여 명의 비구니스님들이 수행과 포교에 필요한 제반 교육을 받으며 정진하고 있다.

아마도 25년 만에 초로의 나이로 다시 찾은 이곳에서 아내와 나는 아이들과 함께 왔던 옛 추억을 곱씹으며 이야기를 주고받았다. 대웅전이란 표지석이 서 있는 계단을 통해 절마당으로 올라갔다.

절마당에 크지 않은 삼층석탑이 서 있다. 이 탑은 현재의 상원사지에 있는 청량사 남매탑에서 이곳으로 옮겨 놓은 것이라고 한다. 고려 때 만들어진 작은 규모의 삼층석탑으로 1층 기단 위에 3층의 탑신을 올린 모습이다. 이 탑은 충남 문화재자료 제58호로 지정되어 있다.

동학사 창건과 관련된 상원조사 수행에 얽힌 이야기를 간직하고 있는 남매탑이 있다. 삼불봉 아래 옛 절터인 청량사지에 있는 오층석탑과 칠층석탑이 그것이다. 이 남매탑에는 호랑이가 이어 준 스님과 젊은 처자의 아름다운 수행이야기가 전해져 오고 있다.

원래 동학사는 713년 당나라 스님 상원조사가 지은 상원암에 연원

대웅전

을 두고 있다. 상원암은 은혜를 갚으려는 호랑이 덕분에 여인을 만난 상원조사가 여인과 의남매를 맺고 함께 도를 닦았던 곳이다. 성덕왕 23년인 724년 회의화상이 두 분을 기리기 위해 쌓은 탑이 현재 상원사 지청량사지에 남아 있는 남매탑이다.

상원조사가 수행하던 중 호랑이가 목에 갈비뼈가 걸려 고통스러워 하는 것을 도와주었다. 호랑이는 은혜를 갚고자 계속 산짐승들을 물어다 주었는데, 상원조사는 살생을 하지 말라 꾸짖었다.

그러자 어느 날 호랑이는 아름다운 여인을 물고 돌아왔다. 그 여인은 결혼 첫날밤에 소피를 보러 나왔다가 호랑이에 물려 오게 된 것이었다. 여인을 간호한 뒤 돌려보내려 하는 조사에게 여인은, "스님께서 저를 구해주셨으니 평생 지아비로 모시겠다"고 하였다. 조사는 이에 "나는 불제자인데 어찌 혼인할 수 있겠소"라고 거절하며, 대신 오누이로 연을 맺어 수행할 것을 청했다. 그렇게 이들은 비구, 비구니로 수행을 하다가 말년에 한날한시에 열반에 들었다고 한다.

충청지역 순례

대웅전 법당 안으로 들어가니 스님의 주도로 사시예불 중이다. 석가모니불을 주불로 하여 그 좌우에 약사여래불과 아미타여래불이 봉안되어 있다. 이 삼신불상은 조각승 각민이 조선조 1606년에 제작한 불상으로 조선 후기에 유행한 도상이란다. 신체에 비해 작은 귀족 같은 얼굴에 당당한 신체와 조화로운 비례감이 돋보인다.

삼층석탑

2010년 개금불사과정에서 불상의 내력을 적은 발원문, 고려 말 조선 초기의 사경과 경전류 등 78건 196점의 복장유물이 나왔다고 한다. 원래 공주 계룡산 청림사 대웅전에 봉안되어 있던 불상임이 밝혀진 이 삼신불상은 우수한 조형성과 보존상태, 조각승, 제작연대 및 불상의 내력으로 인하여 매우 중요하단다. 이 불상은 이러한 가치를 반영하여 보물 제1719호로 지정되어 있다.

대웅전을 나와 오른쪽의 삼성각으로 향했다. 오랜 세월의 흔적을 보이듯 빛바랜 단청의 전각에는 칠성님을 중심으로 왼쪽에 산신님, 오른쪽에 독성님의 탱화를 모셔 놓고 있다. 칠성은 북두칠성을 말하는데 별나라의 주군으로 인간의 복과 수명을 맡고 있다. 산신은 호랑이와 더불어 재물을 담당한다. 독성은 인연의 이치를 홀로 깨닫고 성인이 되어 중생에게 복을 내리는 존자이다. 각각 도교, 토속신앙, 불교의 한 표현으로 불교가 토착화하는 과정에서 여러 신앙요소가 합쳐진 형태이다.

참배를 마치고 절마당에 서서 마당 너머를 보니 파란 하늘과 함께 계룡산의 능선이 한눈에 들어온다. 종무소에서 자료를 부탁하니 근무하던 스님이 자리에서 일어나 리플렛을 건네준다.

육화료는 학인들이 주로 생활하는 곳이다. 동학사 비구니 전문 강원은 조계종단이 시행한 교육제도를 도입하여 명실상부한 대학의 면모를 갖추고 있는 곳이다.

육화료 앞에는 범종루가 있다. 이곳에는 불전사물 네 가지가 갖추어져 있다. 범종은 성내는 마음을, 법고는 어리석음과 투쟁심을, 목어는 우울한 마음을, 운판은 들뜨는 마음과 허영심을 다스리기 위해 울린단다. 불전 사물에 대한 색다른 해석이었다.

강설원은 한글대장경 등 모든 경전과 각종 논문자료집과 시청각 자료를 비치해 놓은 곳이다. 강설원 뒤의 실상선원은 19세기 말 경허선사 鏡虛禪師가 강의를 열고 큰 깨달음을 얻은 자리에 지어진 전각이다. 경허선사는 근대 한국불교 특히 선의 중흥조로 일컬어지는 대선사이다. 자료를 보니 지금은 강원 4학년인 화엄반 학인들이 기숙하고 있는 곳이란다.

이렇게 동학사의 순례를 마치고 계곡을 빠져 나오는데 많은 이들이 계룡산의 풍광을 즐기기 위해 계곡으로 들어오고 있다.

23

백제 천불선원
예산 향천사

절마당의 극락전 나한전 9층석탑이 어우러진 모습

부여에서 집으로 오는 길에 예산禮山 금오산에 있는 백제고찰 향천사를 순례하기로 했다. 청양을 거쳐 예산의 산길을 올라 향천사 입구에 도착했다. 일주문에 '금오산 향천사金烏山 香泉寺'란 한자로 된 편액이 걸려 있다. 일주문 안쪽에서 다시 보니 '호서가람 천불선원湖西伽藍 千佛禪院'이란 편액도 걸려 있다.

일주문은 기둥이 한 줄이어서 일주문이라 한다. 어느 쪽으로도 기울지 않고 똑바로 서 있어야 하는 문이다. 이 문에 들어서면 마음을 가다듬고 한마음으로 들어서야 한다. 누구나 중도의 마음을 가지라는 뜻으로 절 입구에는 일주문을 세운다.

향천사는 백제 의자왕 16년인 656년에 의각대사義覺大師가 창건한 절이다. 의각대사는 의자왕 12년인 652년부터 중국 당나라 구화산에서 불도수행과 구국일념으로 3년에 걸쳐 조성한 3,053불상과 16나한존상을 돌배에 싣고 지금의 예산 석주포에 도착했다. 스님은 밤낮으로 예불을 올리고 종소리를 울리며 불상을 모실 사찰을 물색하고 있었다.

기도하면서 수개월을 기다린 끝에 황금까마귀金烏 한 쌍이 날아들어

스님을 인도하였다. 이 황금까마귀가 인도한 곳에 도착하니 향기가 가득한 샘물이 있었다. 그 영험에 따라 샘물을 '극락을 의미하는' 향천香泉이라 하였다. 그 뒤의 산은 황금까마귀가 알려 준 산이라고 해 금오산으로 부르고, 지금의 터에 향천사를 창건하였다.

이후 향천사는 고려시대 보조국사普照國師 지눌에 의해 크게 중창되었다. 지눌은 평생에 걸쳐 부처님의 가르침과 수행을 균형 있게 쌓아가야 한다는 교리를 설파하면서 조계종의 시초를 만든 분이다. 조선조 임진왜란 때 화재로 전소된 향천사를 멸운스님이 중건하여 오늘에 이르고 있다. 현재는 대한불교조계종 제7교구 본사인 수덕사의 말사이다.

일주문을 통과해 돌계단을 올라 절마당으로 들어갔다. 커다란 느티나무가 양쪽에 서 있다. 안내글을 보니 왼쪽의 나무는 수령이 200여 년되었고, 높이는 24미터 나무둘레는 2.5미터에 이른다.

절마당의 모습이 아름답다. 극락전의 모습이 뒷산의 소나무 군락지와 잘 어울린다. 극락전의 청기와 지붕도 다른 전각들과 달리 인상적이다.

극락전으로 향했다. 이곳에는 대웅전은 따로 없고 극락전이 중심전각이다. '극락전極樂殿'편액은 20세기 한국의 고승인 탄허스님의 글씨라고 한다. 법당으로 들어가니 목조아미타불좌상이 주불로 모셔져 있고, 그 좌우에 협시불로 관세음보살과 대세지보살이 모셔져 있다. 이 불상들은 1659년에 조성한 불상이란다.

참배를 끝내고 나와 왼쪽 야외에 조성한 약사여래좌상으로 이동을 했다. 2017년에 조성된 이 불상은 화강암으로 만든 것으로 좌대포함 높이 8미터 크기의 하얀색 좌상이다.

1 절마당의 아름다운 모습

2 극락전 삼존불상

극락전 오른쪽의 나한전 앞으로 발걸음을 옮기니 9층석탑이 서
있다. 겹겹이 쌓아 올린 지대석 위에 기단을 올리고 그 위에 탑신을 올
렸다. 탑신을 보니 1층에만 우주가 조각되어 있고 상단부는 파손되어
오랜 세월의 흔적이 그 역사를 말해 준다. 백제탑의 우아함을 간직하
고 있는 석탑으로 창건주 의각대사가 세운 것으로 추정한다고 한다.

충남 유형문화재 제174호로 지정되어 있다.

　나한전은 극락전보다 조금 낮은 축대 위에 정면 세 칸 측면 두 칸으로 이루어진 전각이다. 원래 이 자리에는 당초 중심전각인 극락전이 있었으나 1983년 허물고 새롭게 나한전을 조성했다. 9층탑이 중심전각이 아닌 나한전 앞에 서 있는 이유를 알 수 있다.
　법당으로 들어가니 과거불인 제화갈라보살, 현재불인 석가여래불, 미래불인 미륵보살과 함께 16나한상이 유리상자 안에 모셔져 있다. 참배를 마치고 나오는데 주련에 눈길이 간다.

약사여래상

사향사과원성四向四果圓成 사향과 사과 속히 잘 이루고

삼명육통실구족三明六通悉具足 삼명과 육통 모두 갖추었네

밀승아불정녕촉密承我佛丁寧囑 우리 부처님의 가르침 공손히 모두 받아

주세항위진복전住世恒爲眞福田 이 세상에 참복전을 만들어서 오래 살고자 하네

　이곳을 나와 언덕을 올라 산신각에 참배하고 오른쪽으로 70여 미터 떨어진 곳 언덕

에 있는 천불전으로 향했다. 계곡의 조그만 다리를 건너 언덕을 오르니 수령이 278년 되었다는 높이 19미터 둘레 3미터의 느티나무가 전각 앞에 서서 세월을 지키고 있다.

전각에 '천불선원千佛禪院'이라는 한자현판이 걸려 있다. 문이 닫혀 있는 전각 안으로 조심스레 들어가니 조그만 절마당 가운데 '천불전千佛殿' 편액이 걸려 있는 전각이 서 있다. 의각대사가 향천사를 창건할 때 극락전과 함께 삼천불을 모시기 위해 지은 전각이다.

천불전은 다듬지 않은 자연석을 사용한 주춧돌 위에 정면 네 칸, 측면 세 칸 규모로 지은 다포식건물이다. 조선 중기 이후의 건물로 추정한단다. 충남 문화재자료 제173호로 지정되어 있다.

법당 안으로 들어가니 흙으로 3단을 쌓아 놓고 그 위에 창건주 의각대사가 조성한 삼천불상 중 1,516기의 흰색 불상이 모셔져 있다. 작은 불상은 석고로, 큰 불상은 석재로 만든 것도 있다고 한다.

적막감이 몸을 감싸는 가운데 오래된 법당을 참배하고 나오니 기둥의 주련이 눈에 들어온다.

진묵겁전조성불塵墨劫前早成佛 한없는 세월 이전에 일찍이 성불하셔서
위도중생현세간爲度衆生現世間 중생을 제도하기 위해 세간에 나타나셨네
외외덕상월륜만巍巍德相月輪滿 높고 높은 덕상 달과 같이 원만하여
어삼계중작도사於三界中作導師 이 삼계 모두를 이끌어 주는 스승이 되어 주시네

천불전 참배를 마치고 다시 극락전 앞 절마당으로 돌아와 마당 나무 아래 돌 위에 앉아 극락전 뒤의 소나무 군락을 바라보니 전각들과 꽤나

충청지역 순례

1 천불선원 2 천불전의 천불상

잘 어울린다. 이곳이 명당이라는 생각을 하면서 아내에게도 물으니 자
신도 그렇게 느껴진단다.

　잠시 쉬고 나서 범종루를 본 후 계단을 내려오는데 왼쪽의 보리수나
무의 빨간 열매가 마음을 유혹한다. 가까이 다가가 열매를 따 입에 넣
어 맛보고 아쉬움 속에 일주문을 빠져 나왔다.

24

백마강이 품은
부여 고란사

고란사 전경

처가가 있는 부여는 백제의 마지막 도읍지로서 유네스코 세계문화유산으로 지정된 부소산성扶蘇山城으로 둘러싸인 사비성泗沘城이 있던 곳이다.

큰 아들네 식구들과 함께 부여에 내려간 길에 부소산성 내에 있는 고란사를 순례하기로 하고 백마강의 구드레 선착장으로 향했다. 여기서 백마강은 금강의 부여구간을 흐르는 또 다른 이름이다. 구드레에서 고란사입구까지 부정기적으로 운행되는 황포돛배를 타고 유유히 흐르는 백마강을 거슬러 올라가면 오른쪽 부소산에 높이 60미터의 낙화암이 보이고 조금을 더 가면 고란사 선착장에 도착한다.

선착장을 빠져 나와 부소산성 입장료를 내고 3분여 돌계단을 오르면 낙화암 아래 백마강가 절벽에 고란사가 있다.

고란사皐蘭寺는 창건에 대한 자세한 기록이 없다. 백제 때 왕들이 노닐기 위해 건립한 정자였다는 설과 궁중의 내불전이었다는 설만이 전해진다. 백제멸망과 함께 소실된 것을 고려시대 때 백제의 후예들이 낙화암에서 떨어져 죽은 궁녀들의 넋을 위로하기 위해 중창하고 절 이

1 고란사 2 삼존불

름을 고란사로 지었다고 한다.

　고란사의 현 건물은 은산 숭각사를 옮겨 놓은 것으로 정조 21년인 1797년에 개건한 것이다. 사찰 전면에 있는 2개의 연화문방형 초석은 고려시대의 것으로 추정한단다. 현재 대한불교조계종 제6교구 본사인 마곡사의 말사이다.

　네 칸의 전각 왼쪽에 오래된 '고란사皐蘭寺' 현판이 걸려 있는데 자세히 보니 글씨 옆 여백에 난초가 그려져 있다. 아마도 고란초를 그려 놓은 것 같았다. 그 옆에는 '극락보전極樂寶殿'이란 큰 현판이 걸려 있다.

　　　　　　　　　　　　　　　　　　　　　　　　충청지역 순례

극락보전은 우리나라에서 대웅전 다음으로 많이 볼 수 있는 전각이다. 대웅전은 가람의 중심전각으로 석가모니불을 주불로 모시고 있는 전각이고, 극락보전은 서방 극락정토의 주재자인 아미타불을 주불로 모시는 전각이다.

법당 안으로 들어가니 아미타불을 주불로 삼고 그 좌우에 협시불로 백의관세음보살과 대세지보살을 모셔 놓고 있다. 주불인 아미타불은 오랜 옛날 세자재왕불이 이 세상에 출현하였을 때 그 나라를 다스리던 왕이었다. 부처님의 법문을 듣고 감동하여 왕위를 버리고 법장비구라는 출가수행자가 되었다. 그는 일체중생을 구제하기로 하고 자신이 뜻하는 바대로 불국토를 이룩하기 위해 48가지의 서원을 세우고 끊임없이 수행정진하였다. 그 결과 아미타불은 모든 서원을 성취하고 자기의 이상을 실현한 서방정토극락세계에서 늘 중생을 위하여 설법하고 있다.

협시보살인 관세음보살은 대자대비를 근본서원으로 하고 있으며 지혜로 중생의 음성을 관하여 그들을 번뇌의 고통에서 벗어나게 한다. 중생과 가장 친숙한 존재로 세상을 교화할 때 중생의 근기에 맞추어 32가지의 모습을 통해 나타나서 중생의 원을 이루어 준다. 이곳에 모셔진 관세음보살님은 하얀 옷을 걸치고 하얀 보관을 쓰고 있다. 관세음보살은 원래 흰옷을 입고 있다는 화성 신흥사 성일 큰스님의 법문이 떠오른다. 대세지보살은 지혜의 광명으로 모든 중생을 비추어 끝없는 힘

1 삼성각과 고란약수 2 고란초

을 얻게 하는 보살이다. 이 보살의 지혜광명이 중생에게 비치어 삼악도에 떨어지지 않고 위없는 힘을 얻게 하므로 대세지라고 한다. 정수리에 아미타불 형상을 모시고 있는 관세음보살과 달리 대세지보살은 보배병을 얹고 있는 것이 특징이다.

참배를 마치고 나와 극락보전 뒤로 발걸음을 했다. 바위 위 범종각을 지나 삼성각 참배를 하고 내려와 극락보전 뒤로 가니 삼삼오오 여러 사람이 모여 물을 마시고 있다. 바위틈에서 솟아나는 약수가 그 유명한 '고란약수'다.

전해져 오는 이야기는 이렇다. 옛날에 소부리의 한 마을에 금실 좋은 노부부가 살았다. 부부는 늙도록 슬하에 자식이 없어 할머니는 늘 되돌릴 수 없는 세월을 한탄하며 다시 한번 회춘하여 자식을 갖기를 소원했다. 그러던 어느 날 할머니는 도사로부터 부소산의 강가 고란초 주변의 바위에서 스며 나오는 약수에 놀라운 효험이 있다는 말을 듣게 되었다. 다음 날 새벽 할머니는 남편을 그곳으로 보내 그 약수를 마시게 하였다.

그런데 할아버지는 밤이 되어도 돌아오지 않는 것이었다. 다음 날 일찍 약수터로 찾아가 보니 할아버지는 없고 웬 갓난아이가 남편의 옷을 입고 누워 있어 깜짝 놀랐다.

이 모습을 본 할머니는 아차했다. 도사가 "약수 한 잔을 마시면 삼년이 젊어진다"는 말을 남편에게 알려 주지 않았던 것이다. 할머니는 후회하며 갓난아이를 안고 집에 돌아와 고이 길렀다. 후에 이 할아버지는 나라에 큰 공을 세우게 되어 백제시대 최고의 벼슬인 좌평까지 올랐다고 한다.

또 다른 이야기로는 백제 임금이 항상 고란사 뒤편 바위틈에서 솟아나는 약수를 즐기면서 매일 사람을 보내 물을 떠 오게 했는데, 이때 고란약수터 주변에서 자라는 기이한 풀이 있어 물 위에 잎을 띄워 고란약수임을 증명했다고 한다. 나와 아내도 젊어지기를 기원하며 약수를 떠서 먹고 절을 빠져 나왔다.

고란사를 뒤로 하고 오른쪽으로 100여 미터 정도 가파른 산길을 오르니 낙화암이다. 작은 공간인데 어떻게 삼천궁녀가 떨어진 곳이라고 하는지 믿어지지 않는다. 아마 삼천은 아니더라도 망국의 후궁들이 굴욕을 보느니 자결하기 위해 스스로 뛰어내린 곳으로 이해를 했다.

낙화암 아래의 백마강을 보니 유유히 흐르는 강물 위에 유람선이 1,300여 년의 슬픈 역사를 간직한 채 떠다니고 있다.

낙화암을 둘러보고 사자루로 향했다. 나무터널 길을 따라 오르는데 연리지나무가 서 있다. 가까이 자라는 두 나무가 맞닿은 채로 오랜 세월을 지나면 서로 합쳐져 한 나무가 되는 현상을 연리지連理枝라고 한다. '두 몸이 하나가 된다' 하여 남녀의 사랑에 비유하여 '사랑나무'라고도 한다.

이렇게 10여 분을 부소산의 나무터널 속 풍광을 즐기며 오르니 사자루가 나온다. 해발 106미터의 정상에 위치해 주변풍광을 즐길 수 있는 누각이다.

이렇게 아름다운 소나무숲과 백제의 향기가 어우러진 부소산을 통해 고란사 순례를 마치고 소문난 막국수집에서 비빔막국수를 맛있게 먹고 일정을 마무리했다.

낙화암에서 아들 손주들과 함께

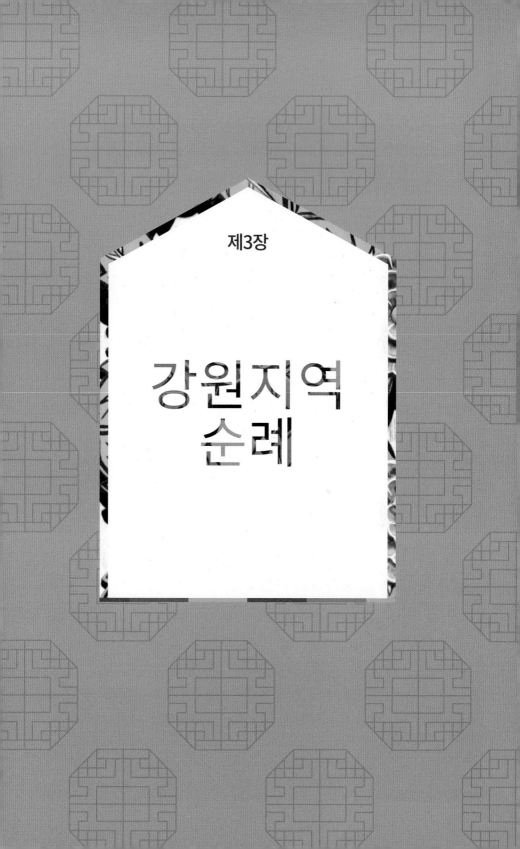

제3장

강원지역
순례

25

내설악 백담사, 관음보궁 오세암,
적멸보궁 봉정암

오세암 천진관음보전의 백의 관음보살좌상

작년 5월 도반들이 의기투합하여 봉정암을 다녀온 후 약속한 대로 올해에도 11명이 오세암, 봉정암, 대청봉을 순례하기로 했다. 5월 넷째 주말 아침 6시 30분에 의왕톨게이트 휴게소에서 만난 일행은 3시간여를 달려 내설악 용대리에 도착했다. 이곳에서 마을버스를 타고 15분여를 달리니 백담사 주차장이다.

백담사 입구에 세워져 있는 일주문에 '내설악 백담사內雪嶽 百潭寺' 현판이 걸려 있다. 설악산이라고 하지 않고 있는 것이 의아했다. 아마도 설악산이 워낙 넓어 외설악과 내설악으로 나누어져 있어서인 듯싶었다.

백담사는 서기 647년 신라 제28대 진덕여왕 원년에 자장율사慈藏律師가 설악산 한계리에 한계사를 창건하고, 아미타삼존불을 조성 봉안한 것이

시초였다. 그 후 신문왕 10년인 690년에 소실된 것을 성덕왕 18년인 719년에 재건하고, 여러 차례 소실과 재건이 되풀이되면서 절터가 바뀌고 이름도 바뀌다가 1783년에 희붕과 운담이 백담사로 개칭하였다.

전해지는 말에 의하면 거듭되는 화재로 고민하고 있던 주지스님의 꿈에 백발노인이 나타나더니 대청봉에서 절까지 웅덩이潭를 세어 보라고 했단다. 다음 날 세어 보니 꼭 백 개에 달하였다. 이렇게 백담사百潭寺란 이름은 설악산 대청봉에서 절까지 작은 웅덩이潭가 100개가 있는 곳에 사찰을 세운 데서 유래했다고 한다. 현재 대한불교조계종 제3교구 본사인 신흥사의 말사이다. '대한불교조계종 기본선원'으로 지정되어 있어 갓 득도한 승려들이 참선수행하고 있는 곳이기도 하다.

일주문을 지나 조금을 걸어 속세에서 불가로 들어가듯 하얀색 돌다리인 수심교를 건너자 금강문이 서 있다. 금강문에는 불법을 수호하고 악을 물리치는 금강역사가 모셔져 있다. 왼쪽의 밀적금강은 언제나 부처님 곁에서 그를 보호하면서 비밀스런 내용을 듣고자 한다. 그 옆에

1 밀적금강과 보현보살상 2 나라연금강과 문수보살상

강원지역 순례

는 코끼리를 타고 있는 보현보살이 모셔져 있다. 오른쪽의 나라연금강은 엄청난 힘을 갖고 있는 신이며, 그 옆에는 사자를 타고 있는 문수보살이 모셔져 있다.

금강문을 지나자 앞에 '백담사百潭寺' 편액이 붙어 있는 불이문이 서 있다. 불이문은 절의 중심전각으로 들어가는 경내의 마지막 문이다. 이 문을 통과해야만 진리의 세계인 불국토에 들어갈 수 있음을 상징적으로 보여주고 있다.

불이문 한쪽에는 '참나를 찾아 떠나는 여행에 당신을 초대합니다'라는 제목의 글이 붙어 있다.

> '내설악 백담사의 눈 푸른 스님들의 오랜 침묵
> 여명이 비추기 전의 새벽예불의 장엄함
> 별빛이 쏟아져 내리는 은하수와 달빛 내려앉은 수심교 다리
> 아침이슬 영롱한 백담 계곡 물소리
> 솔숲 사이로 보이는 해맑은 햇살 비추이는
> 산사로 떠나는 행복한 마음 여행에 당신을 초대합니다'

이 글을 읽으며 언젠가 이곳의 프로그램에 참여해야겠다는 생각이 들었다.

불이문을 통과해 오른쪽 만해기념관을 지나 나한전 참배를 마친 후 옆에 있는 산령각을 참배했다. 중심전각인 극락보전에 들어가 참배하고 절을 빠져 나왔다.

수심교 다리가 아닌 계곡을 가로지르는 돌길을 따라 걸었다. 계곡에 정성스럽게 돌을 쌓아 조성한 크고 작은 탑들이 바닥 여기저기에 자리해 불국佛國[1]을 연상시킨다.

일행과 백담사의 부속암자 중 오세암과 봉정암을 순례하기로 했기 때문에 발길을 재촉했다. 오세암은 약 6킬로미터, 봉정암은 백담사에서 10.6킬로미터 거리에 있다.

백담사에서부터 앞서거니 뒤서거니 하며 3.5킬로미터를 걸어온 일행은 영시암에서 잠시 숨을 고르며 쉬었다. 영시암永矢庵은 1648년 유학자 김창흡이 은거하기를 맹세하고 창건한 암자이다. 작년에는 이곳에서 점심공양을 하고 봉정으로 향했었다. 오늘은 점심공양을 오세암에서 하기로 예정되어 있어서 잠시만 쉬고 나서 오세암으로 향했다. 좌측의 길로 들어서서 오르고 내리기를 반복하며 마등령 쪽으로 2.5킬로미터를 걸으니 만경대 고개가 나온다.

일행 중 몇몇은 만경대에 오르겠다고 하며 다녀온단다. 만경대는 일만 가지 경치가 눈에 들어온다고 해서 붙여진 이름이다. 이곳에 오르니 오세암이 한눈에 들어온다.

오세암은 자장율사가 신라 선덕여왕 13년인 647년에 선방禪房으로 사용하기 위하여 창건하고 주석하다가 관세음보살을 친견한 후 관음암이라고 하였다. 조선시대에 백담사와 더불어 이곳은 금강산에서 수

---

1 부처가 있는 나라. 곧 극락을 이른다.

강원지역 순례

오세암 전경

도한 스님들이 한양으로 갈 때 반드시 머무르던 암자였다고 한다.

명종 3년인 1548년에는 불교중흥의 큰 뜻을 품고 이곳에서 기도하던 보우가 선종판서禪宗判書가 된 직후 이곳을 중건하였다. 그 후 인조 21년인 1643년에 설정이 중건하고 이름을 오세암五歲庵으로 바꾸었다. 이에 얽힌 전설이 전해지고 있다.

설정은 고아가 된 형님의 3살 된 아들을 2년째 키우고 있었다. 4살 때인 어느 겨울날 월동준비를 위해 양양지역인 물치로 다녀오고자 했다. 절 생활 2년쯤 된 조카에게 며칠 먹을 밥을 지어 놓고 이틀 동안 법당에서 목탁을 치면서 관세음보살을 부르며 지내라고 하고 절을 나섰다. 그러나 설정은 갑자기 내린 폭설로 꼼짝 못 한 채 이듬해 눈이 녹을 때까지 암자로 되돌아가지 못하게 되었다. 눈이 녹아 암자로 돌아온 설정은 법당에서 목탁을 치며 관세음보살을 부르고 있는 조카를 보게 되었다.

설정은 어찌 된 연유인지를 조카에게 물었다. 날마다 봉우리에서 내려온 흰옷을 입은 어머니가 밥을 지어 주고 놀아 주고 잠도 재워 주었다는 것이었다. 조카가 말하는 어머니는 관세음보살임을 직감한 설정은 어린 동자가 관세음보살의 신력으로 살아나고 성불한 것을 후세에 전하고자 암자를 중건하고 오세암五歲庵으로 이름을 바꾸었다고 한다.

고종 2년인 1856년에는 남호가 해인사의 '고려대장경' 2질을 인출하여 1부는 오대산 상원사에, 다른 1부는 이곳에 봉안하였다. 고종 25년인 1888년에는 백하가 법당을 짓고 응진전을 건립하여 16나한상과 각종 탱화를 조성 봉안하였다. 그 뒤로 오세암은 관음기도 도량으로 널리 알려지게 되었다.

만경대 고개에서 산길을 조금 내려가니 오세암의 전각이 눈에 들어온다. 먼저 반기는 곳은 문수동이다. 이 전각은 거사들을 위한 숙소이다. 그 왼쪽에는 보현동이 있고 건너편에 범종각이 서 있다.

중심전각인 천진관음보전天眞觀音寶殿으로 들어갔다. 중생들의 아픔을 덜어 주겠다는 관세음보살상을 모신 전각이다. 법당에 들어가니 중앙에 거대한 백의관음보살좌상이 장엄하게 모셔져 있다. 참배를 하고 어린 부처님께 관불의식[2]을 하고 나왔다. 이는 부처님을 목욕시키는 의식으로 석가모니에 대한 공경을 표시하고 자신의 몸과 마음을 청정히 하는 의미가 있다.

법당을 나온 일행들은 짊어지고 온 두부를 갖고 공양간으로 향했다. 일행의 점심공양예약을 하고자 사무실에 전화했을 때 공양비 대신 스

----

2 향수·감차·오색수五色水 따위를 아기 부처상의 정수리에 뿌리는 일

1 오세암 동자전의 동자상   2 시무외전의 천수관음상

님들 드실 두부보시를 부탁했기 때문이었다. 일행들은 각자 무거운 두부를 나누어 짊어지고 왔다. 두부를 받아든 공양간 보살의 즐거운 표정을 읽을 수 있었다.

부주지스님은 방문기념으로 우리 일행들에게 일일이 오세암 글씨가 새겨진 108염주를 건네주신다.

우선 공양전 전각을 참배하기로 하고 관음봉쪽 계단을 올라 동자전으로 발걸음을 옮겼다. 법당 안에는 오세암 전설속의 동자모습을 연상시키는 동자상이 모셔져 있다. 그 옆의 조그만 언덕길을 따라 삼성각으로 향했다. 칠성님, 독성님과 함께 특이하게도 2분의 산신님이 모셔져 있다.

참배를 마치고 내려와 시무외전施無畏殿으로 향했다. 낯선 이름의 전각이다. 무외無畏는 두려워하지 말라는 뜻이고, 시施는 모든 것을 들어주겠다는 의미이다. 그러니 시무외전은 중생의 온갖 두려움과 걱정을 없애 주는 곳으로 관세음보살을 모신 전각이다. 법당으로 들어가니 천수관음상이 모셔져 있다.

참배하고 나와 공양간에서 콩비지국밥을 맛있게 먹고 스님께 차 한잔하고 싶다고 하니 흔쾌히 들어오란다. 스님께 '맛있는 삶의 사찰기행' 책을 건네면서 작년에 봉정암에 왔던 인연을 이야기했다.

스님은 봉정암에 소속되어 있는데, 얼마 전에 이곳으로 부주지 겸직 발령이 나서 이곳에 부임했다고 한다. 그 이야기를 듣더니 옆에 앉아 있던 아내 감로심이 스님에게 묻는다.

"어디서 뵌 것 같은데 혹시 작년에 봉정암에 계시지 않으셨어요?"

"네, 그때 봉정암에 있었어요."

"그렇지요. 그때의 법문내용을 이 책에 담았어요."

"아 그래요."

"스님 편안한 시간에 책 한번 읽어 보세요."

이렇게 차담을 나누고 나와 나머지 전각을 둘러보는데 '오세암' 편액

강원지역 순례

오세동자가 성불한 곳 법당내 관세음보살상

과 함께 그 밑에 '5세 동자가 성불한 곳'이라 쓰여 있는 전각이 눈에 들어온다. 법당에 들어가니 금동 관세음보살상이 모셔져 있다. 이 법당은 보살들 숙소로 사용되고 있단다.

　이곳 오세암에서 오늘의 목적지인 봉정암까지는 마등령을 넘어 산길을 4킬로미터를 더 가야 한다. 산을 넘고 또 넘는 우여곡절 끝에 봉정암이 내려다보이는 사리탑에 도착했다. 이곳에서 봉정암을 내려다보니 주변의 바위병풍으로 인해 연잎으로 둘러싸인 연꽃과 같은 형상이다. 봉정암은 신라 선덕여왕 12년인 643년에 자장율사가 창건하여 불사리를 봉안함으로써 전국의 5대 적멸보궁 중 한 곳이 된 암자이다.

　사리탑에 참배한 후 계단을 내려가 숙소배정을 받고 세상에서 제일 맛있는 음식이라고 여겨지는 미역국밥으로 공양을 하고 각자 숙소로 들어갔다. 배정된 숙소에는 각자 정해진 자리 번호가 있는데 폭이 40센티미터 정도로 눕지도 못하고 앉아 있을 정도의 공간이다. 이렇게 잠자리가 좁은 이유를 물으니 '어렵게 성지에 왔으니 자지 말고 불공을 드리라'는 뜻이란다.

다음 날 새벽 3시에 절마당에서 만나 대청봉을 다녀오기로 약속한 일행은 각자 기도하고 쉬기로 했다. 나도 남자 일행들과 함께 가수면 상태로 지새다가 1시에 일어났다. 밤공기가 차가우므로 패딩잠바를 입고 사리탑으로 올라갔다. 음력 보름을 이틀 앞두고 있어 상현달이 둥그렇게 떠 있는 가운데 봉정의 기를 받으며 108배를 하고 내려왔다. 절마당에서 믹스커피 한 잔에 몸을 녹이며 쉬면서 김영호 거사와 담소를 나누는데 일행들이 하나하나 모여든다.

새벽 2시 30분경 일행을 깨워 약속대로 소청을 거쳐 중청에 도착하니 4시이다. 이곳에서 쉬다가 일출시간에 맞추어 대청으로 향했다. 대청봉 비석을 껴안고 감격스런 인증샷을 만들고 5시 7분에 동해에서 떠오르는 일출을 감상하고 봉정으로 내려왔다.

내려오는 길에 발을 헛디뎌 넘어졌지만 크게 다치진 않아 봉정암에서 몸을 추슬렀다. 다행히도 내려갈 수는 있게 되어 동료들의 도움을 받으며 수렴동계곡으로 내려와 1박 2일의 순례를 마무리했다.

1 달과 봉정암 사리탑 2 대청봉의 일출을 보고나서 일행들과 함께

26

회전문이 있는
춘천 청평사

경운루

강원도 홍천강 근처의 친구 집에서 매월 정기적으로 만나는 '면우회' 모임 친구들과 1박을 하고 아침 일찍 헤어진 나는 춘천春川 쪽으로 차를 타고 달렸다. 춘천의 청평사를 순례하기로 했기 때문이다. 소양강댐 선착장까지 간 후 선착장에서 유람선을 타고 청평사로 갈 수도 있으나, 오늘은 직접 배후령 산길을 달려 청평사입구에 도착을 했다.

청평사淸平寺는 고려 광종 24년인 973년 오봉산과 경운산이 에워싼 산자락에 영현이 창건한 사찰이다. 그 당시 이름은 백암선원이었다. 폐사된 절을 문종 2년인 1068년에 이의李顗가 중건하고 보현원이라고 이름하였다. 이의의 아들이며 고려시대의 뛰어난 학자였던 이자현李資玄이 이곳에 은거하자 이곳 오봉산에 도적이 없어졌다고 하여 산이름을 청평산이라 하고 사찰이름을 문수원으로 바꾸고 중창했다.

조선 명종 5년인 1550년에 보우普雨가 청평사로 이름을 바꾸었다. 현재 보물로 지정된 청평사 회전문도 이때 지어졌다. 이후 1950년 한국 전쟁을 겪으면서 많은 전각이 불탔으며 1970년대 이후 중창불사를 통해 오늘의 모습을 갖추게 되었다. 청평사는 대한불교조계종 제3교구

강원지역 순례

1 상사뱀과 공주설화상
2 고려정원 영지

본사인 신흥사의 말사이다.

이른 아침이라 나 홀로 오봉산의 아름다운 계곡을 감상하며 올라가는 맛이 있다. 조금을 오르니 청평사의 상징물이기도 한 '공주설화' 청동조각물인 공주상이 바위에 앉아 있다. '청평사 700미터' 이정표를 보고 여유만만하게 계곡의 풍광을 즐기고자 했다.

구송폭포는 주변에 아홉 그루의 소나무가 있어 붙여진 이름이다. 높이 9미터의 폭포로서 환경의 변화에 따라 아홉 가지의 소리를 낸다고 하여 구성폭포라 부르기도 한다.

계곡길 왼쪽에 진락공 이자현李資玄 부도가 있다. 고려중기 세도가의 일원이었던 이자현이 벼슬을 버리고 이곳으로 들어와 37년간 수행하다 일생을 마쳤다. 이자현이 죽자 그의 뛰어난 인품을 기려 고려 인종이 진락이라는 시호를 내렸다고 한다.

사찰 내의 별칭인 '고려정원'은 이자현이 조성한 것으로 구성폭포에서 오봉산 정상 부근에 이르는 9천여 평의 지역에 조성되었단다. 이 정원은 우리나라 정원 중 가장 오래된 것이라고 한다. 문화해설사에 의

하면 이 정원에 있는 연못인 영지影池는 보기에는 정사각형의 연못이나 실제로 측량을 해보면 앞쪽보다 후면의 길이가 더 길다고 한다. 원근법을 사용해 지은 인공연못임을 알 수 있다.

영지는 오봉산이 물에 비치도록 되어 있고, 연못 가운데는 삼신을 상징하는 3개의 큰 돌이 놓여있다. 그 사이사이에는 갈대가 있어 단순하면서도 아름다운 모습을 연출한다. 자연미와 불교정신이 구현되어 있는 이곳은 조경관련 전공학생들이 대학에 들어오면 반드시 찾아오는 곳이란다.

영지 밑에는 영지 명문바위가 있다. 바위의 윗면에 한문으로 지은 한시가 음각되어 있다. 아마도 어느 스님이 깨달음 후에 지은 오도송이라고 추정한다.

'심생종종생心生種種生 마음이 일어나면 모든 것이 생겨나고
심멸종종멸心滅種種滅 마음이 사라지면 모든 것이 사라지네
여시구멸기如是俱滅已 이와 같이 모든 것이 사라지고 나면
처처안락구處處安樂口 곳곳의 모두가 극락세계로구나'

골짜기의 풍광을 감상하며 20여 분을 올라가니 선동교仙洞橋가 나온다. 이 다리를 건너가면 청평사 경내로 진입한다. 청평사 정문인 회전문 근처의 벚꽃나무가 산바람에 흔들리며 꽃비를 내리고 있다. "와~아" 탄성을 지르며 그 모습을 카메라에 담았다.

샘물터로 가니 나무에 홈통을 만들어 돌확에서 물을 흐르게 해 놓은 모습이 멋스럽다. 시원하게 물을 마시고 마당을 보니 '진락공 중수 문

수원비 요약문' 비석이 있다. 고려 인종 8년인 1130년에 건립되었던 것인데 그 후 세월풍화와 전란으로 파손된 것을 복원해 놓은 것이다. 비문에서 화두를 통해 깨달음을 얻으려는 간화선看話禪에 관한 내용과 초야에 묻혀 불교에 심취하던 거사불교 등 고려중후기의 불교사를 엿볼 수 있다고 한다.

회전문 쪽으로 발걸음을 옮겼다. 회전문 양쪽에는 자줏빛 양탄자를 깔아 놓은 듯한 꽃잔디군락이 있어 회전문과 어우러져 아름다운 자태를 뽐내고 있다.

회전문은 회전문回轉門이 아니라 회전문廻轉門으로서 여느 절의 일주문을 지나 만나게 되는 사천왕문에 해당한다. 회전廻轉은 윤회전생의 줄임말이다. 중생들에게 윤회사상을 일깨운다. 회전문은 청평사의 대문으로 조선 명종 5년인 1550년에 보우대사가 건립했다. 가운데 칸을 출입문으로 하고 양쪽 한 칸씩은 사천왕의 조각상을 세우거나 사천왕 그림을 걸도록 하였던 것으로 추정된다.

이 문은 수레바퀴가 끊임없이 구르는 것과 같이 생명이 있는 것은 죽어도 다시 태어나 생이 반복된다고 하는 불교사상인 윤회전생을 중생들이 깨달을 수 있도록 만들어졌다. 이 회전문은 보물 제164호로 지정되어 있다.

이 회전문에는 당나라 공주가 이곳을 지나자 공주에게 붙어 있던 상사뱀이 윤회를 벗어나 해탈하였다는 애틋한 설화가 전해지고 있다.

중국 당나라 태종의 딸 평양공주를 사랑한 청년이 있었다. 태종이 그 청년을 죽이자 청년은 상사뱀으로 환생하여 공주의 몸에 붙어서 살

청평사 회전문

왔다. 당나라 궁궐에서는 상사뱀을 떼어 내려고 여러 방법을 다 동원했지만 소용없었다.

공주는 궁궐을 나와 방랑을 하다가 이곳 청평사에 이르게 되었다. 해가 저물어 계곡의 작은 동굴에서 노숙을 한 다음 날 계곡에서 몸을 깨끗이 한 공주는 스님의 옷을 가사불사했는데 그러자 몸에 붙어 있던 상사뱀이 떨어져 나갔다. 이 소식을 들은 당나라 황제가 청평사를 고쳐 짓고 삼층석탑을 건립하였다고 한다. 그런 연유로 이 탑을 공주탑이라고 부른다고 한다.

회전문을 들어가니 단청과 초록색 문이 선명하게 아름다운 조화를 보여 주는 '경운루' 편액이 걸려 있는 누각이 나온다. 누각을 누하진입해 계단을 올라가면 절마당 전면에 대웅전이 있다. 정면 세 칸 측면 세 칸의 팔작지붕건물로 새로 지어진 건물이지만 조선시대의 석축을 사용하여 지었다고 한다. 법당에는 석가모니삼존불이 모셔져 있다. 석가모니불을 주불로, 그 좌우에 문수보살과 보현보살상을 모셔 놓고 있다.

1 나한전의 나한상
2 극락보전
3 극락보전내 삼존불

법당을 나와 대웅전 아래 왼쪽의 관음전으로 들어가 참배를 하고 건너편의 나한전으로 향했다. 나한전으로 들어가니 석가모니 부처님의 제자들 가운데 높은 경지의 깨달음을 이룬 성인인 16나한상의 모습이 여느 절과 달리 자유분방한 모습을 하고 있다.

대웅전 오른쪽 좁은 계단으로 가파르게 올라가니 극락보전이 나온다. 극락보전에는 서방정토 극락세계의 주재자인 아미타불을 주불로 하고 그 좌우에 관세음보살과 대세지보살이 협시보살로 모셔져 있다.

극락보전은 나와 옆 계단을 오르니 언덕에 편액이 걸려 있지 않은 삼성각이 있다. 전각 벽에는 호랑이 벽화가 그려져 있다. 삼성각 참배를 하고 나오니 산허리에 보호수가 서 있다. 이 고목은 천년세월 동안 이곳에 서서 청평사의 모습을 지켜보았을 것이다.

종무소에 들러 자료를 얻고 경내를 빠져나오니 계곡에 공주탕이 있다. 공주설화에 얽힌 공주가 목욕재계하였다던 곳이다. 불교에서의 목욕은 단순히 몸을 씻는다는 뜻뿐만 아니라 착하지 않은 마음까지도 씻어 낸다는 의미를 담고 있는 거다.

이렇게 오고 싶었던 청평사를 오랜만에 다시 방문하고 나니 숙제를 마친 기분이다. 아름다운 벚꽃을 배경으로 추억을 만들고 있는 관광객에게 나도 추억의 사진 한 장을 부탁하고 기쁜 마음으로 절을 빠져 나왔다.

강원지역 순례

27

생지장도량
철원 심원사

명주전 생지장보살

아내와 함께 국내 3대 지장보살성지이면서 생지장도량으로 알려진 철원鐵原의 심원사深源寺를 다녀오기로 했다. 아침 일찍 외곽순환고속도로로 진입해 의정부IC로 나가 북쪽 민통선안 구릉지에 자리한 사찰에 도착했다.

심원사는 창건될 당시엔 지금의 자리가 아닌 연천군 보개산자락에 있었다. 보개산寶蓋山은 불법승 삼보의 지붕구실을 한다는 뜻을 담고 있는 산으로 지장산으로도 불리며 최고봉은 높이 877미터의 지장봉이다. 심원사는 고구려 보장왕 6년인 647년에 영원조사靈源祖師가 창건하였으며, 창건 당시에는 흥림사였다.

흥림사에 관한 전설이 전해 내려오고 있다. 신라 성덕왕 19년인 720년에 사냥꾼 이순석과 이순득 형제가 누런빛의 멧돼지 한 마리를 발견하고 활을 쏘았는데 멧돼지는 피를 흘리며 달아났다. 형제가 핏자국을 따라 추적하여 멈춘 곳에는 멧돼지는 보이지 않고 현재 철원 심원사 명주전에 모셔져 있는 지장보살상이 있었다.

이 지장보살상은 샘물 속에 상반신만 밖으로 드러낸 채로 모셔져 있었다. 그리고 지장보살의 좌측 어깨에는 사냥꾼 형제가 쏜 화살이 꽂

강원지역 순례

1 명주전
2 극락보전 법당의 삼존불

혀 있었다. 형제는 깜짝 놀라 화살을 뽑으려 했으나 뽑히지 않고 석상
은 꼼짝을 하지 않았다.

형제는 깜짝 놀라 그 자리에서 석상에게 맹세하였다. "우리를 불쌍
히 여기시고 용서해 주십시오, 우리를 속세의 죄업에서 구제해주시려
고 나투신 것을 알겠습니다. 내일 우물곁에 있는 돌 위에 나와 주시면
저희들은 뜻에 따라 출가하겠습니다." 다음 날 사람들과 함께 그곳에

와 보니 석상은 샘물가 돌 위에 나와 있었다. 형제는 전날 약속한 대로 출가하여 그 옆에 석대암石臺庵이란 암자를 창건하였다고 한다.

심원사란 명칭은 조선 태조 2년인 1393년에 절이 소실된 이후 무학대사가 1395년 중건하고 산 이름을 보개산이라 하면서 새로이 붙여졌다. 조선시대에 한양을 둘러싼 4대 명찰이 있었는데 동쪽에 남양주 불암산 불암사, 서쪽에 삼각산 진관사, 남쪽에 안양시 삼성산 삼막사과 함께 북쪽에 철원 보개산 심원사였다고 한다.

조선 말기에 기봉스님이 왕실 후원으로 사찰을 중건하였다. 1907년 일본군의 훼멸이 있기 전까지 심원사는 금강산 유점사의 말사로서 대찰이었다. 그 후 한국전쟁 때 전소되었고, 1955년 현재의 위치로 옮겨 오늘에 이르고 있다.

이곳의 상징처럼 되어있는 석대암의 지장보살상은 한국전쟁 때 실종되었다가 서울에서 불상을 되찾아 봉안한 것이다. 이렇듯 심원사는 지장보살의 영험함과 아픈 역사를 동시에 갖고 있으며 민통선 안 철원군 동송읍 들녘 한가운데인 이곳에 자리하고 있다. 대한불교조계종 제3교구 본사인 신흥사의 말사로 되어있다.

종무소 누각을 통해 절마당으로 들어가니 지장보살 성지답게 명주전明珠殿 현판이 걸려 있는 전각이 먼저 눈에 들어온다. 사찰에서 지장보살을 주불로 모셔 놓은 전각을 지장전, 명부전, 시왕전이라고 하는데 이곳 심원사는 명주전이라는 편액을 걸어 놓았다.

우리나라 여느 절의 전각배치는 대웅전이나 극락전을 중심전각으로 하고 부속전각을 배치하는데 이곳은 명주전을 중심전각으로 배치해 놓고 있다. 아마도 이곳이 우리나라의 대표적인 지장도량 이기 때문인 듯하다.

명주전 법당 안으로 들어가니 전설 속의 이순석 형제에게 시현하였다는 석조지장보살상이 모셔져 있다. 지장보살상의 넉넉하고도 그윽한 미소가 중생들의 아픔과 업장을 녹여 주는 듯하다. 참배한 후 석상에게 다가가 자세히 보니 전설에서처럼 왼팔에 화살이 박힌 자국이 두 군데나 있다. 석상의 손에는 여의주가 들려 있었다.

명주전을 나와 뒤쪽 언덕으로 올라가니 삼성각 전각이 있다. 전각안에는 칠성탱화, 독성탱화, 산신탱화가 모셔져 있다. 친절하게도 각각 탱화의 의미에 대한 설명이 자세하게 기술되어 있다.

절마당 왼쪽에 있는 극락보전으로 향했다. 극락보전은 서방정토 극락세계의 주재자인 아미타불을 본존불로 모신 법당이다. 법당 안으로 들어가니 아미타불을 주불로 그 좌우에 관세음보살과 대세지보살이 협시보살로 모셔져 있다. 참배를 마친 후 대웅전으로 발걸음을 옮겼다. 원만한 상호의 석가모니 삼존불상이 모셔져 있다. 중앙에 석가모니불이, 그 좌우에 문수보살과 보현보살이 모셔져 있다. 대웅전으로 들어가 참배를 하고 나왔다.

절마당에서 시계를 보더니 아내가 점심공양을 하고 가잔다. 공양실로 들어가 카레볶음밥을 맛있게 먹고 나오는데, 벽 한쪽에 붙어있는 주지 정현스님의 글이 눈에 들어온다.

'지금 기뻐하고 감사하면 내일도 기뻐하고 감사할 수 있다.

새 세계를 여는 것은 자신이 지금 어떻게 사느냐에 달려있다.
이를 앙다물고 20년 수도하는 것보다
바로 지금 이 자리에서 기뻐하고 감사하고 좋은 것을 느끼는 게
더 낫다.'

지장경에는 '심즉지옥 심즉극락心卽地獄 心卽極樂'이란 말이 있다. 우리가 어떻게 마음을 갖느냐에 따라 똑같은 현상도 달리 보인다. 고통과 행복도 마찬가지다. 마음을 어떻게 갖느냐에 따라 지옥이 되기도 하고 극락이 되기도 한다.

종무소에 들어가니 벽에 옛 '보개산 심원사'의 모습을 담은 사진이 걸려 있다. 옛 모습이 한양 4대명찰의 모습을 뽐내는 것 같다.

한쪽에 붙어 있는 '쌀공양의 공덕'이란 제목의 글에 눈길이 간다.

'부처님전에 쌀을 공양하면
집안의 바람이 잦아진다는 말이 있다.

보개산 심원사 옛모습

이는 근심걱정이 사라져 가족들이 편안하고 화목해진다는 의미
이다.

공양을 함은 삼보를 공경하고 서원을 세우며,

쌓고 모으려는 어리석은 집착을 버리고,

내가 아끼는 것을 남에게 베풀겠다는

자비의 실천에 진정한 의미가 담겨 있다.

그중 쌀은 아끼는 주된 식량이므로

'쌀을 공양 올린다'함은

그만큼 어느 것과 비교할 수 없는

중요하고 큰 정성을 의미한다.'

국내 제일의 지장보살성지로서 영험함이 있는 심원사는 많은 불자
가 찾는 가람이다. 주지 정현스님은 일주일 전인 5월 26일 내가 백담사
를 거쳐서 오세암으로 가는 날 입적한 조계종 대종사이신 무산스님의
첫 번째 제사에 참석하느라 출타 중이었다.

'맛있는 삶의 사찰기행' 책을 종무소 근무자에게 건네주며 스님께 전
해달라고 부탁했다. 종무소에서 자료를 얻고 있는데 아내가 어느 80대
초반의 신심 깊은 노보살님과 이런저런 이야기를 주고받고 있다. 아내
가 노보살님과 우연히 인연을 맺었으니 '맛있는 삶의 사찰기행' 책 한
권을 드리자고 한다. 내가 노보살에게 물었다.

"책을 사인해 드리고 싶은데 이름이 어떻게 되세요?"

"권오란입니다."

"어, 춘천에서 오신 권오란님이시지요?"

"어, 어떻게 나를 알아요?"

"여러 법당을 들르면서 눈에 띄는 불등에 이름과 주소가 달려있어 기억나네요."

책을 사인해 드리니 "책은 그냥 받는 게 아니에요" 하면서 굳이 책값을 건네주신다.

심원사 순례를 마치고 나오는데, 이곳과 깊은 인연을 맺은 영기 남호대사 이야기가 생각이 난다.

영기 남호대사는 10세도 안 된 나이에 고아가 되고 문둥병에 걸려 힘든 시절을 보내고 있었다. 그러던 중 철원 심원사의 석대암에 들렀을 때 기도차 이곳에 와 있던 서울 승가사 대연스님 눈에 띄게 돼 지장기도로 병을 치료하고 14세에 출가를 했다.

기도로 병이 나은 남호대사는 그 후 19년에 걸쳐 이곳저곳을 다니며 선교의 이력을 모두 마치고 33세에 대강백이 된다. 그는 새 삶을 시작한 철원 석대암으로 돌아와 요해아미타경을 서사한다. 간경의 중요성을 인식하고 십육관경을 판각하기도 했다.

철종 6년인 1855년에 33세의 나이에 도봉산 망월사에서 '화엄경'을 강의하다가 문득 화엄경판을 새겨야겠다고 생각했다. 법회를 중단하고 승려들과 함께 서울의 봉은사에서 판각을 하기 시작했다. 서울 강남의 봉은사에는 이러한 남호대사의 업적을 기리는 그의 공덕비가 세워져 있다.

강원지역 순례

28

호국청정도량
치악산 구룡사

구룡사 전경

강원도 용평리조트에서 부부모임을 갖기로 해 용평으로 가는 길에 원주 치악산雉岳山의 구룡사를 순례하기로 했다. 영동고속도로를 이용해 새말에서 빠져나가 구룡사 주차장에 도착했다.

매표소를 지나자 왼쪽에 '황장금표黃腸禁標'바위가 있다. 조선시대에 이 일대에서 황장목 무단벌목을 금한다는 내용을 담고 있는데 전국에서 유일한 역사적 자료라고 한다.

'금강소나무 숲길'이 시작되는데 구룡사까지는 1.1킬로미터를 더 가야 한다. 금강소나무는 줄기가 곧고 나무속이 붉은 것이 특징이다. 재질이 좋아 나라의 보호를 받아왔으며 주로 궁궐을 지을 때 사용해 왔다고 한다. 계곡 옆의 둘레길을 걸으면서 금강소나무 자태의 아름다움과 솔향이 주는 싱그러움에 몸과 마음이 힐링되는 것 같다.

구룡사九龍寺는 신라의 의상義相대사가 신라 문무왕 6년인 666년에 세운 절이다. 구룡九龍이라는 이름에 얽힌 아홉 마리 용의 전설이 전해지고 있다.

대웅전 자리에는 원래 연못이 있었고, 그곳에 아홉 마리 용이 살았다.

일주문

의상대사가 치악산에 들어와 이곳을 보고 절터라고 생각했다. 연못을 메워 절을 짓기 위해 연못에 살고 있던 용들과 도술내기를 하게 되었다. 용들이 하늘로 솟구쳐 오르자 뇌성벽력이 치고 산맥이 모두 물에 잠겨 버렸다.

용들은 의상이 물에 빠졌으리라 생각하며 흐뭇하게 주변을 살폈다. 그런데 의상은 배를 만들어 놓고 그 안에서 편히 쉬고 있는 것이었다. 이때 의상이 불 화火자를 쓴 부적을 연못에 넣으니 연못이 부글부글 끓기 시작하였다. 놀란 용 여덟 마리는 뜨거워 날뛰면서 절 앞산을 8조각을 내며 동해로 달아나고, 나머지 한 마리 용은 눈이 멀어 그 자리에 머물렀다고 한다.

의상은 이곳에 절을 창건하고 구룡사九龍寺로 이름했다. 그 후 세월이 흘러 절이 쇠락해지자 한 노인이 나타나 절 입구의 거북바위 때문에 절의 기운이 약해졌으니 그 혈을 끊으라고 했다.

거북바위에 구멍을 뚫어 혈을 끊었음에도 절은 더 힘들어져 폐사직

전에 이르게 되었다. 이때 한 도승이 나타나 거북의 혈을 끊어서 절이 쇠락해졌으니 다시 그 혈맥을 이으라고 했다. 그래서 사찰 이름을 아홉 구九가 아닌 거북 구龜자로 바꾸어 구룡사龜龍寺로 바꾸었다고 한다.

구룡사는 창건 이후 도선국사 등 많은 고승들이 거쳐 가면서 호국청정도량으로서 수찰역할을 해 왔다.

솔향에 취해 어느 정도 걸으니 일주문에 '원통문圓通門' 현판이 걸려 있다. 여느 사찰에서 보는 일주문임에도 이곳은 특이한 현판을 걸어 놓고 있다.

이곳에서 직진하면 세렴폭포까지 2.2킬로미터, 비로봉까지는 4.9킬로미터이다. 오른쪽으로 100미터를 걸어 구룡사로 다가갔다. 웅장한 구룡사 앞에 화석나무로 불리는 엄청난 크기의 은행나무가 장엄한 모습으로 서 있다. 수령 200여 년 된 높이 25미터의 보호수로 구룡사를 지키는 나무이다.

경내로 들어가는 사천왕문의 외관이 복층구조로 되어있다. 1층 통로 양쪽에 불법을 수호하는 외호신인 사천왕상을 봉안하고 있고, 사천왕문을 통과하니 좌측에 돌로 조성한 미륵석불, 거북, 약사여래불이 있고 우측에 삼층으로 된 보광공덕탑이 있다.

높은 축대 위에 누각 '보광루'가 자리하고 있다. 누각을 바라보니 '치악산 구룡사雉嶽山 龜龍寺'현판이 걸려 있다. 불이문의 역할을 하는 아래층으로 누하진입하여 절마당으로 들어갔다. 보광루란 현판이 걸려 있는 누각 2층은 강당의 역할을 하고 있다. 보광루는 강원도 유형문화재 제145호로 지정되어 있다.

중심전각인 대웅전으로 향했다. 계단 아래에 괘불석주가 있다. 이 석주는 사찰에서 특별한 행사를 할 때 의식용 불화인 괘불을 내걸기 위하여 법당 앞에 세우는 기둥이다.

법당 안으로 들어가니 석가모니불, 아미타불, 약사여래불 삼존불좌상을 중심으로 그 좌우에 천불상이 봉안되어 있다. 법당 오른쪽 벽에는 여느 절처럼 불법을 수호하는 여러 선신을 모셔놓은 신중탱화가 있다. 이 탱화는 법당참배자의 심성에 내재한 온갖 잡신을 잡아줌으로써 심성에 청정함을 갖게 하는 역할을 한다.

경건하게 대웅전 참배를 하고 법당 밖으로 나오니 주련에 눈길이 간다.

달마하사답강래達摩何事踏江來 달마는 무슨 일로 강을 밟고 왔는가

동토산야춘초록東土山野春草綠 동토의 산과 들이 봄빛에 푸르기 때문이다

세존인하도솔래世尊因何兜率來 세존은 어떤 일로 도솔천에 왔는가

녹야원중백화향鹿野苑中白花香 녹야원 가운데 백화의 향이 만발하기 때문이다

오른쪽에 있는 지장전으로 들어갔다. 지장전은 지옥중생을 구제하기 전에는 결코 부처가 되지 않겠다는 원을 세우고 지옥으로 내려간 지장보살을 모신 전각이다. 법당 안으로 들어가니 여느 절의 지장전처럼 중앙에 지장보살이 모셔져 있지 않고 그 옆의 대웅전을 향하여 법단을 마련하고 그곳에 지장보살을 모셔 놓고 있다.

그 뒤의 언덕을 올라 삼성각을 참배하고 '차와 이야기'란 현판이 걸린 곳에 눈길이 간다. 이곳은 누각 2층을 찻집으로 사용하고 있다. 우롱차 한 잔을 마시며 몸과 마음을 추스르고 나왔다.

2층으로 된 불음각으로 향했다. 불전사물인 범종, 법고, 목어, 운판을 모신 전각이다. 범종은 지옥중생을, 법고는 육지중생을, 목어는 어류중생을, 운판은 허공의 중생을 제도하는 의미를 가진다.

절마당을 가로지르자 승려와 신도들이 수행정진하는 곳인 설선당과 사찰에서 선실 또는 강원으로 사용되는 건물인 '심검당'이 있다. 심검당은 여느 절에서 많이 보는 전각명칭으로 지혜를 강조하는 집이라

1 사천왕문 2 보광루

강원지역 순례

대웅전 삼존불상

는 뜻이다.

대웅전 왼쪽의 관음전으로 발걸음을 옮겼다. 법당에 들어가니 중앙에 목조관세음보살상이 모셔져 있다. 이 목조관음보살좌상은 원래 1686년 횡성군 봉복사 반야암의 관음보살로 조성되었다가 반야암 폐사 후 1911년에 구룡사로 옮겨진 것으로 2014년 불상을 개복하여 발견한 발원조성문에 이러한 사실이 기록되어 있다. 현재 강원도 유형문화재 제174호로 지정되어 있다.

관음전 뒤에는 응진전이 있다. 석가모니불과 그 좌우에 가섭과 아난존자가 모셔져 있고 다시 그 양옆으로 16나한이 모셔져 있다. 응진전 참배를 끝으로 절을 빠져나오면서 주변산과 어우러진 전각들을 바라보며 심호흡을 해 본다.

오랜만에 아내와 함께 찾은 구룡사 순례를 마무리하고 금강소나무 숲길을 걸어 나오니 젊은 시절의 추억이 샘솟는 듯하다.

29
철불노사나좌불의
동해 삼화사

철조노사나불좌상

한국의 무릉도원, 신선이 사는 곳이라는 동해시 무릉계곡^{東海市 武陵}
^{溪谷}에 있는 삼화사를 순례하기로 했다. 신선교를 건너 국민관광지 제1
호로 지정된 무릉계곡으로 들어서니 계곡의 신선한 공기가 온몸을 감
싼다. 주변의 기암절벽과 함께 금란정 옆 옛 선비들의 풍류를 만나는
5000제곱미터 크기의 넓은 무릉반석을 보면서 자연의 경이로움에 감탄
사가 절로 나온다. 무릉계곡이란 이름이 왜 만들어졌는지를 알 것 같다.

금란정을 지나 조금을 오르니 '두타산 삼화사^{頭陀山 三和寺}' 현판이 걸
려 있는 일주문이 나타난다. 속세와 사찰의 경계를 의미하는 일주문을
통과해 조금을 더 걸어 계곡에 놓여있는 반석교를 건너니 오른쪽에 삼
화사가 보인다.

삼화사의 창건과 관련한 일화가 기록으로 전해지고 있다. 신라 말에
약사삼불인 백^伯 중^仲 계^季 삼형제가 처음 서역에서 동해로 돌배를 타고
들어왔다고 한다. 맏형은 검은 연꽃을 갖고 흑련대에, 둘째는 푸른 연꽃
을 갖고 청련대에, 막내는 금색 연꽃을 갖고 금련대에 각각 머물렀다.
이때가 신라 흥덕왕 4년인 829년이다.

이들 삼선인은 각자의 무리를 이끌고 두타산을 중심으로 서로 떨어져 자리하였다. 한 곳은 삼화사이고, 나머지 두 곳은 동해시 지가동의 지상사, 삼척시의 영은사라고 한다. 각각 무리를 거느리고 지금의 삼화사 자리에 모여 회의하곤 했다. 이들이 모일 때면 마치 군웅들이 모여 회담을 하는 듯한 모습이었다. 사람들은 이들의 모습을 보고는 두타산을 삼공항三公嶺이라 불렀다.

얼마 후 품일이 이곳에 절을 짓고 처음엔 이름을 삼공사三公寺라 했는데, 조선 태조 2년인 1393년에 왕이 칙령을 내려 절 이름을 문안에 기록하게 하고, 그 옛날 삼국을 통일한 것은 부처님 영험의 덕택이었으므로 이 사실을 기리기 위하여 절 이름을 삼화사三和寺로 고쳤다고 한다.

이 절은 조선 후기 수차례 화재와 중건을 거쳤으며 1907년에는 의병이 숙박하였다는 이유로 왜병들이 방화하여 대웅전 등 200여 칸이 소실되는 아픔을 겪기도 했다. 그 이듬해 일부를 건축하였고 1979년 현재의 위치로 자리를 옮겨 중건하였다. 현재 대한불교조계종 제4교구 본사인 월정사의 말사로 되어있다.

삼화사 울타리를 따라 12지신상이 도열해 있어 방문객의 눈길을 잡아끈다. 이들은 '약사경'을 외우는 사람들을 지키는 신장들이다. 열두 방위에 맞추어서 몸은 사람의 형상이지만 얼굴은 쥐·소·호랑이·토끼·용·뱀·말·양·원숭이·닭·개·돼지 등의 모습을 하고 있다.

'약사경'에 의하면 부처님의 가르침이 있고 나서 대중 가운데 12야차대장이 나와 부처에게 "우리들은 한결같은 마음으로 '약사경'을 널리 알리며, '약사경'의 가르침을 따르는 이들을 보호하고 고통에서 벗어나

1 십이지신상 2 사천왕상그림

게 하여 해탈에 이르게 하겠습니다"는 서원을 하였단다.

　절마당으로 들어가는 문인 천왕문으로 향했다. 사찰을 지키고 악귀를 내쫓아 사람의 마음을 엄숙하게 하여 사찰이 신성한 곳이라는 생각을 가지도록 하는 문이다.

　이곳에 모셔진 사천왕은 원래 고대 인도 종교에서 숭앙하였던 왕이었으나 부처님께 귀의하여 부처님과 불법을 지키는 수호신이 되었다. 수미산 중턱의 동서남북 사천에서 그들의 무리와 함께 불법을 수호하고 인간의 선악을 관찰하는 역할을 한다. 이곳 천왕문에는 사천왕상이 아닌 사천왕 그림이 문 좌우에 모셔져 있다.

　절마당으로 들어서니 정면에 중심법당인 적광전이 서 있다. 이 전각은 화엄사상의 영향을 받아 '세상의 번뇌를 끊고 적정의 진리에 의지하여 발하는 진지의 광명, 또는 고요히 빛나는 마음을 위한 공간'이란 의

미를 지니고 있다.

법당으로 들어가니 철조 노사나불좌상이 모셔져 있다. 철불은 창건설화와 관련된 약사삼불 가운데 맏형의 불상이라고 전해지며, 통일신라시대에 조성된 것이다. 1997년 철불 뒷면에서 발견된 150여 자의 명문을 해독한 결과 9세기 중엽에 조성된 노사나불임이 밝혀졌다고 한다. 이 불상은 보물 제1292호로 지정되어 있다.

법당 참배를 한 후 적광전을 나와 마당의 삼층석탑으로 발걸음을 옮겼다. 2중의 기단 위에 3층의 탑신을 올린 모습인 9세기 후반 통일신라시대의 탑이다. 높이 4.95미터로서 전체적으로 안정감 있는 모습이다. 보물 1277호로 지정되어 있다.

참배객들은 사찰내의 탑에 다가가 탑돌이를 한다. 탑의 정면에 서서 탑을 향해 합장 삼배를 올리고, 합장한 채 오른쪽 어깨가 탑을 향하게 하고 시계방향으로 천천히 돈다. 세 번 돌고 나서 선 채로 합장 삼배를 하며 서원을 세운다. 화성 신흥사에서는 탑돌이의 시작 전과 끝난 후에 글귀를 외우도록 하고 있다. 탑돌이를 하면 세세생생 팔난이 없어지고, 복과 수명이 길어지며, 거동과 용모가 단정해지며, 재물과 보배가 항상 가득하고, 다음 생에는 천상에 나게 된다고 한다.

감로수란 이름의 샘터에서 목을 축이고 옆의 계단을 올라 극락전으로 향했다. 이곳은 서방정토 극락세계의 주재자인 아미타불을 주불로

1 삼층석탑 2 극락전

모셔 놓은 전각이다. 법당 안으로 들어가니 중앙에는 아미타불을, 그 좌우에는 관세음보살과 대세지보살을 모셔 놓고 있다. 영주 부석사의 무량수전처럼 아미타불이 동쪽으로 향하고 있다. 그렇게 되면 참배객은 극락이 있는 서쪽을 향하고 있는 게 된다.

이곳에 모셔진 배꽃문양의 나발머리인 아미타불은 철불 복원 이전 대웅전에 모셨던 부처님으로 왕실에서 조성하였다고 한다.

삼성각을 거쳐 풍광이 좋은 언덕에 자리한 비로전으로 향했다. 화엄경의 주불인 비로자나불을 모신 전각이다. 비로자나불을 모신 공간을 사찰의 주불전으로 사용하지 않는 경우 비로전이라고 부른다. 그래서 삼화사는 주불전인 적광전에 노사나불을 모신 까닭에 비로자나불을 모신 공간을 비로전이라 하는 것이다.

적광전 왼쪽에 있는 약사전으로 발걸음을 옮겼다. 약사전은 동방을 향하여 예배하도록 적광전 동쪽에 있다. 법당 안으로 들어가니 동방의 정유리세계의 교주로 계시면서 중생의 모든 질병을 치료해 주고 고통을 없애 주는 역할을 하는 약사여래불이 모셔져 있다.

스님들의 생활공간인 육화료 밑에는 불교의 사물四物인 범종, 법고, 목어, 운판을 걸어두는 범종각이 있다. 범종은 지옥중생을 제도하고 법고는 축생을 제도한다. 목어는 물속에 사는 중생들을 제도하고 밤낮을 가리지 않고 눈을 감지 않는 물고기와 같이 항상 전진하라는 의미를 지니고 있다. 운판은 하늘에 있는 중생을 제도하는 의미를 지니고 있다.

종무소에서 자료를 보니 삼화사는 국가유형문화재 제125호로 지정된 삼화사수륙재를 정기적으로 설행하는 의식을 재현하는 곳이란다. 작년 가을에 용주사에서 본 '국행수륙대재'가 떠올랐다.

수륙재는 물과 육지에서 살다 죽은 고혼들의 넋을 달래며 불법과 음식을 베푸는 불교의식이다. 일반적인 제사의 제祭와는 달리 재齋이다. 제사의 제물은 고기를 바치는 데 반해, 재에서의 공양물엔 고기가 포함되지 않는다. 불교에서 제祭가 아닌 재齋를 행함은 불살생의 정신에 의해서라고 한다.

우리나라에서 첫 수륙재는 고려 4대왕인 광종에 의해 시행되었다고 하며, 조선 태조 때 국행수륙재 운영을 표방한 장소는 동해의 삼화사를 비롯하여 강화의 관음굴과 거제의 견암사라고 한다.

이렇게 두타산 무릉계곡의 삼화사를 순례하고 계곡을 올라 용추폭포와 쌍폭포 등 무릉계곡의 아름다운 풍광을 감상한 후 주차장으로 향했다.

30

관세음보살현신도량
양양 휴휴암

지혜관세음보살상

저녁 식사를 하는데 아내가 "내일 동해안의 사찰을 다녀오면 어때요?" 한다. 언젠가 다녀와야겠다고 생각하고 있던 터라 쾌히 받아들이고 다음 날 새벽 5시에 출발을 했다. 양양고속도로를 달려 남강릉IC로 나와 북쪽의 양양襄陽 쪽으로 조금을 더 달려 바닷가에 위치한 휴휴암을 순례하기로 했다.

오른쪽에 '휴휴암休休庵'이라는 글자가 새겨진 커다란 바위가 우뚝 서 있다. 조금을 들어가니 여느 절에서 볼 수 있는 일주문의 역할을 하는 문이 바닷가에 있고 '불이문不二門' 현판이 걸려 있다. 이 문을 통과하면 진리의 세계인 불국토로 들어가게 되는 거다. 이름 그대로 쉬고 또 쉬어가는 곳인 휴휴암은 모든 번뇌를 놓고 쉬는 곳이 아닐까? 하는 생각을 한다. 1997년에 창건된 역사가 오래지 않은 절이다. 불이문 앞쪽에서 바라본 동해바다는 짙푸른 옥색 빛이다.

먼저 찾아간 곳은 굴법당이다. 토굴 같은 굴속에 조성된 법당 안으로 들어가니 스님이 사시예불 중이다. 참배를 마치고 나와 중심전각인 묘적전으로 향했다.

1 굴법당
2 굴법당 부처
님진신사리

眞身舍利 53과
처님진신사리53과

2

묘적전에 얽힌 전설이 있다. 1999년 10월 보름
날 홍법스님이 무지개가 뜬 자리를 살펴보니 관
세음보살 형상의 바위가 바닷가에 누워 있는 것
을 발견하고 이곳에 암자묘적암를 마련하여 세상
에 알렸다.

관세음보살님은 천 개의 눈과 귀로 중생의 괴
로움을 모두 듣고 천 개의 손으로 중생을 자애롭
게 구원한다고 한다. 천 개의 손과 천 개의 눈을
가진 자비와 지혜를 상징하는 보살이다. 대부분
의 사찰에서는 웅대한 석재나 불상으로 조각되
어 있지만, 휴휴암에는 해안가 절벽에 천연암반의 형태로 편안하게 누
워 계신다.

절 이름이 휴휴암인 것도 관세음보살님이 바닷가에 편안하게 쉬고
계신다는 것에서 유래되었다고 한다. 법당 안으로 들어가니 천수천안
관세음보살상이 모셔져 있다.

참배를 마치고 법당을 나와 주련을 보니 어디서 본 글이다. 생각해
보니 여수 향일암의 관음전에서 본 주련과 같은 내용이다.

휴휴암

233

1 묘적전 2 묘적전 천수천안관세음보살상

일엽홍련재해중一葉紅蓮在海中 바다 가운데 한 잎 붉은 연꽃 떠오르더니

벽파심처현신통碧波深處現身通 푸른 파도 깊은 곳으로부터 부처님이 현신하셨네

작야보타관자재昨夜寶陀觀自在 어제 밤에 보타 낙가의 관세음보살 현몽하시더니

금일강부도량중今日降付道場中 오늘 이 도량에 나투시어 함께하시도다

아래쪽으로 내려와 바다를 향해 서 있는 묘적전을 바라보니 아담하고 평화로움이 감돈다. 샘물터에서 갈증이 난 목을 축이고 비룡관음전으로 발걸음을 옮겼다. 법당 안으로 들어가 참배를 하고 나와 아래의 방생터로 내려가니 동해바닷가를 좀 더 가까이서 볼 수 있었다. 태고의 신비를 담은 바위들이 짙푸른 바다와 어우러져 장관을 이룬다.

바다 쪽을 내려다보면 바닷속에 거북이 형상을 한 넓은 바위가 평상처럼 펼쳐져 있고 부처가 누워 있는 듯한 모습의 자연적으로 생성된 바위가 있다. 거북형상의 바위가 마치 부처바위를 향해 절을 하는 듯한 모습이 신비롭다.

부처상 오른쪽 절벽 위에는 중바위라고 하는 큰 바위 두 개가 나란히 서 있다. 목탁을 든 채 아래의 부처상을 향하여 합장하며 절을 하는 스님의 형상을 띠고 있다. 더욱 경이로운 모습이 아닐 수 없다.

이곳 근처에 있는 방생터로 내려왔다. 부부는 먹이 한 봉지를 사서 방생터 한쪽에 몰려든 물고기들에게 뿌려 주며 몰려든 황어떼를 감상하고 즐거워했다.

좌측 해변에 있는 바위가 마치 관세음보살이 연꽃 위에 누워 있는 모습 같다.

마당으로 올라오니 멀리 바다를 등지고 지혜관세음보살상이 서 있다. 양양 낙산사의 해수관음보살상이 바다를 향해 서 있는 모습과는 반대의 모습이다. 지혜관세음보살상 옆에는 왼쪽에 해상용왕상, 오른쪽에는 남순동자선재동자상이 협시하여 서 있다.

보통 관세음보살을 모시는 관음전에서는 해상용왕은 조각상으로 만들지 않고 후불탱화에서만 나타나고 있다. 그러나 휴휴암에서는 해상용왕이 조각상으로 만들어져 있다. 남순동자는 문수보살 안내를 받아 53명의 선지식을 찾아 가르침을 받고자 남방의 나라들을 두루 다니고, 마침내 보현보살을 만나 십대원을 들은 뒤, 아미타불의 극락정토에 왕생하여 불도를 이루게 되는 동자이다.

높이가 53척에 해당한다는 지혜관세음보살상은 손에 항상 책을 안고 있다. 학문이 부족한 사람에게는 모든 학문을 통달하게 하고 지혜가 부족하여 어리석은 사람에게는 위없는 지혜를 갖추게 해 준다고 한다.

그 옆에는 황금범종이 있는 종각이 있다. 일명 관음범종이라고 부르는 종으로 3,330관의 무게를 지닌 종이란다. 사방에 관세음보살을 새

비로관음전 관세음보살상

겨 모신 특이한 종으로 국내 최초로 순금을 입힌 황금종이라고 한다.
종을 세 번 쳐 주면 업장이 소멸되어 몸도 가벼워지고 머리도 맑아져서
앞길이 열리며 복이 들어온다고 한다. 나와 아내는 진심으로 소원을
담아 부부가 마주 보고 타종을 했다.

   이렇게 사시예불 시간에 맞추어 도착한 휴휴암에서의 순례를 마치
고 다음 순례지로 향했다.

31

천년고찰
삼척 영은사, 신흥사

영은사 금련루

삼척三陟의 영은사를 순례하기로 하고 동해고속도로로 접어들어 삼척 IC를 빠져 나왔다. 시골길을 얼마를 달리니 '태백산 영은사太白山 靈隱寺' 란 현판이 걸려 있는 일주문이 나타난다. 조금 더 달려 피안교를 지나고 해탈교를 건너니 아늑한 곳에 아담한 절 모습이 눈앞에 전개된다.

영은사靈隱寺는 동해 삼화사와 함께 약사삼불의 창건설화가 전해지는 곳이다. 신라 말 서역에서 돌배를 타고 두타산에 들어온 삼형제 중 막내가 금련을 가지고 와 지은 곳이 영은사이다.

영은사는 진성여왕 5년인 891년에 범일국사梵日國師가 궁방산 밑에 창건하였으며, 그 당시에는 궁방사라 하였다.

그 후 조선 명종 22년인 1567년에 사명당 유정泗溟堂 惟政이 지금의 자리에 절을 옮기고 운망사라 하였다. 임진왜란 때 소실된 절을 인조 19년인 1641년에 벽봉碧峰이 중건하고 영은사로 개칭했다. 그 후에도 순조 4년인 1804년 산불로 대웅전 등 대부분의 전각이 소실되는 아픔을 겪었고 이후 중건되며 오늘에 이르고 있다. 현재 대한불교조계종 제4교구 본사인 월정사의 말사이다.

팔상전의 팔상도

　절마당으로 들어가는 곳에 아담한 누각이 서 있다. '금련루金蓮樓'란
편액이 걸려 있다. 누각의 밑에는 돌기둥을 세웠고 그 위에 범종루가
있는 모습이다. 누각 밑으로 누하진입하여 계단을 오르니 절의 아담한
모습이 눈에 들어온다. 정면에 대웅보전이 서 있고, 그 좌우에 설선당
과 심검당이 위치해 있다.

　절마당을 지나 중심전각인 대웅보전으로 향했다. 몸체에 비해 낮은
기단을 가진 이 건물은 정면 세 칸, 측면 세 칸의 다포양식 건물이다.
강원도 유형문화재 제76호로 지정되어 있다. 법당 안에는 1810년에 봉
안한 석가모니불을 주불로 그 좌우에 문수보살과 보현보살이 모셔져
있다.

　팔상전으로 향했다. 1641년에 건립한 건물로 1804년 화재 때 유일하
게 화재를 면한 현존하는 가장 오래된 전각이다. 법당 안에는 영조 36
년인 1760년에 그린 석가모니의 일생을 담은 탱화 8점이 봉안되어 있

었는데 지금은 다른 곳에 보관하고 있어 보지 못하고 모사한 그림만 보는 아쉬움이 있다.

칠성각으로 들어가니 1923년에 조성한 칠성, 산신, 독성탱화와 함께 범일국사와 사명당 유정의 진영이 봉안되어 있다.

영은사에는 조선후기 불화인 유명한 '괘불영산탱화'가 있다고 한다. 괘불은 옥외에서 법회를 거행할 때 밖에 내다 걸 수 있게 만든 걸개그림형식의 불화이다. 철종 7년인 1856년에 제작되어 영은사 팔상전에 보관되었다고 한다. 이 괘불은 긍준 등 4인이 만든 것으로 석가여래가 영취산에서 제자들을 모아 놓고 설법하는 모습을 그린 영산회상도이다. 강원도 유형문화재 108호로 지정되어 있다. 이 괘불을 펼치면 비가 오고 바람이 분다는 전설이 전해지고 있다.

절 순례를 마치면서 아내가 포대화상상으로 발걸음을 옮겨 참배하면서 무언가 서원을 말한다. 나도 참배를 하고 대웅전 앞의 5층석탑을 탑돌이를 하고 마당을 걷는데 설선당의 마루에 걸려 있는 큰 글귀에 눈길이 간다.

'시심마是甚麼 이것이 무엇인가'
'각유신覺有神 깨달음에 신묘함이 있다'

절 입구에는 영조 46년인 1770년에 건립한 월파당선사부도 등 3기의 부도가 있다.

이렇게 삼화사와 함께 약사삼불 전설이 서려 있는 삼척 영은사를 순례하고 빠져 나왔다.

삼척 영은사에서 멀지 않은 곳에 있는 천년고찰 신흥사를 순례하고
자 했다. 동막골로 접어들어 얼마를 달리니 예쁘고 크지 않은 일주문
이 나타난다. 일주문에 '태백산 신흥사太白山 新興寺'라고 가로로 쓴 현판
이 걸려 있다. 신흥1교를 지나 조금을 달리니 왼쪽에 부도군이 있다.
이곳을 살펴보고 신흥교를 건너자 아담한 절이 눈에 들어온다. 차를
주차시키고 절 입구로 향했다.

신흥사는 신라 민애왕 원년인 838년에 범일국사가 현재의 동해시
지흥동에 지흥사를 창건한 것이 시초이다. 조선 현종 15년인 1674년에
현재의 위치로 옮겨 중창하고 광운사라 하였다가 후에 운흥사로 이름
을 바꾸었다. 영조 46년인 1770년에 절이 소실된 것을 다음 해 영담대
사影潭大師가 중건하였다.

신흥사 학소루

순조 21년인 1821년에 절을 크게 중창하고 신흥사로 이름하였고, 철종 14년인 1863년에 다시 중수하였다. 그 후 1983년 주지인 재황스님이 학소루를 세워 오늘날의 모습을 갖추게 되었다. 현재 대한불교조계종 제4교구 본사인 월정사의 말사이다.

절로 들어가는 통로에 주변의 풍광과 잘 어울리는 누각이 서 있다. 누각 상단에 '학소루鶴巢樓' 현판이 걸려 있다. 돌기둥 위에 누각을 지은 모습이다. 누각 밑으로 누하진입하여 계단을 올라 절마당으로 들어가니 아담한 모습의 전각들이 눈에 들어온다.

마당 중앙에는 대웅전이 자리하고 있고 대웅전 앞마당의 좌우에 고색창연한 목조건물이 서 있다. 왼쪽에 있는 건물에는 '설선당說禪堂'의 편액이 걸려 있다. 조선 영조 47년인 1770년에 지어진 전각이다. 오른쪽에 있는 건물에는 심검당尋劍堂 편액이 걸려 있다. 현종 15년인 1674년에 지

신흥사 대웅전

강원지역 순례

1 신흥사 심검당
2 신흥사경내의 아름다운 모습

어진 전각이다. 이들 설선당과 심검당 전각들은 강원 문화재 자료 제108호로 지정되어 있다.

중심전각인 대웅전으로 향했다. 크지 않은 대웅전과 그 뒤의 소나무 숲이 무척이나 잘 어울린다. 돌계단을 올라 보니 정면 세 칸 측면 두 칸의 아담한 전각이다. 법당 출입문이 특이하다. 삼척 영은사의 대웅보전처럼 법당 출입문을 안쪽으로 밀어 열게 하고 있다.

법당 안을 들어가니 석가모니 삼존불이 모셔져 있다. 석가모니불을 주불로 그 좌우에 협시불로 문수보살과 보현보살이 모셔져 있다. 참배를 마치고 지장전으로 발걸음을 했다. 지장전에는 도명존자와 무득귀왕이 협시하는 지장보살 삼존상이 모셔져 있다.

대웅전 옆의 언덕에 있는 삼성각으로 향했다. 원래 이 전각은 순조 때인 1821년 당시 삼척부사였던 이헌규의 지원에 힘입어 신흥사를 크게 중창했던 것과 관련해 그의 공덕을 기리는 의미로 지은 은중각이라는 사당이었다고 한다.

삼성각 참배를 하고 나오니 그 앞에 있는 '배롱·소나무' 보호수에 눈길이 간다. 나무 둘레 1미터 높이 17미터의 기이한 모습이다. 자세히 살펴보니 배롱나무 줄기 속에서 소나무가 자라고 있다. 아마도 소나무씨가 배롱나무 줄기에 날아와 이런 모습을 하게 된 것으로 보인다. 배롱나무는 붉은색 꽃을 활짝 피우고 있는데 220년 정도의 수령을 지닌 나무란다.

대웅전 옆에 있는 배롱나무꽃을 감상한 후 절마당을 쳐다보니 크지도 않은 아담한 전각들의 공간배치가 뛰어나다. 이런 곳에서 수행하면 수행이 저절로 될 것 같다는 생각이 들었다.

설선당으로 들어간 스님과 차담을 하고 싶은 생각이 들어 스님을 찾으니 스님의 대답이 없다. 아쉬움 속에 다음을 기약하고 신흥사 순례를 마무리하고 절을 빠져 나왔다.

32

관세음보살 상주도량
강릉 등명낙가사

등명낙가사 일주문

동해안 정동진 근처의 안인해변에서 방생법회를 진행하고 근처의 등명낙가사를 순례하기로 했다. 아침부터 불순했던 날씨는 태백산맥을 넘어서자 다행히도 해가 나고 맑은 모습을 보인다.

화성 신흥사 300여 명의 일행은 안인해변에서 성일 큰스님의 주도로 방생법회를 가졌다.

'방생은 물고기만 방생하는 것이 아니라 자신을 방생하여야 한다.
탐내는 마음 어리석은 마음 화내는 마음도 모두 내려놓아야 한다.
물고기를 살려주듯이 자신을 내려놓아야 한다.'

이렇게 방생의 의미를 일깨워 주는 방생법회 이후 성일 큰스님은 강릉출신의 '개미대신'을 소재로 한 흥미로운 법문을 들려주셨다.

과거시험에 두 번이나 낙방한 강릉 출신의 젊은이는 낙향하면서 그동안 부모님의 뒷바라지, 가난한 가정형편 등을 생각해 다시 도전할 생각을 접고 불만 가득한 생각과 행동을 하며 고향인 강릉 쪽으로 걷고 있었다.

강원지역 순례

방생법회

  마침 강릉 쪽에서 한양으로 향하던 스님이 불만 가득한 이 청년과
길에서 마주치게 되었다. 스님은 이 청년의 사연을 듣고 "그대가 만 생
명을 살려 주면 합격할거요" 했다. 이에 청년은 "어떻게 만 생명이나 살
려 줄 수 있습니까?"라고 스님에게 반문하고 헤어졌다.

  이 청년이 계속 투덜대며 길을 걷는 중에 비로 인한 홍수로 길이 범
람했다. 그런데 물속에 있는 부러진 나뭇가지를 우연히 보니 개미가
바글바글했다. 이 모습을 본 청년은 개미가 불쌍한 생각이 들어 그 나
뭇가지를 건져 숲에 던졌다.

  수많은 개미생명을 구했다는 생각에 기분이 좋아진 청년은 집에 와
서도 내내 그 생각을 하면 기분이 좋고 즐거웠다. 그러던 중에 포기하
기로 했던 과거시험에 다시 한번 도전하기로 마음먹었다. 시간이 흘러
다음 해 과거시험을 치르러 한양 가는 길에 작년에 본 스님을 다시 만
나게 되었다. 스님은 청년의 달라진 얼굴을 보자 "이번에는 과거시험

1 일주문 돌기둥
2 대한민국정동 표지석

에 합격하겠네요"라고 말을 건네고 가 버렸다.

　그 스님의 말대로 청년은 과거시험 장원급제를 하였다. 임금이 그 청년을 불러 놓고 어떻게 공부했는지를 물었다. 그 청년은 그동안의 사연을 설명하면서 개미방생의 공덕 때문이라고 했다. 이에 임금은 그를 '개미대신'이라고 부르게 되었다는 거다.

　일행은 방생법회를 마치고 차에 올라 멀지 않은 곳에 있는 정동진에서 3킬로미터 거리에 있는 등명낙가사로 향했다.

　등명낙가사燈明洛伽寺는 신라 선덕여왕 때 자장율사가 창건한 절이다.

당시 강릉지역은 북쪽 고구려와 동쪽 왜구침입이 빈번하던 지역이었기에 자장은 부처의 힘으로 이를 막기 위하여 부처의 사리를 석탑 3기에 모시고 이 절을 세웠다고 한다. 창건 당시에는 수다사라 했다.

수다사는 신라 말 소실된 것을 고려 초에 중창하고 절 이름을 등명사燈明寺로 부르는 등 고려 때에는 큰 사찰이었다. 풍수지리로 볼 때 강릉도호부 내에서 암실의 등불과 같으며 이곳에서 공부하는 수학도가 3경에 괘방산에 올라 불을 밝히고 기도하면 급제가 빠르다고 전해질 정도로 유명한 절이었다. 또 다른 설로는 문수보현보살이 부처님 사리를 모시고 동해로 내려와 오대산에 모셨는데, 그 후 각기 보현보살은 보현사에, 문수보살은 한송사에, 등명사에는 오백나한이 머물렀다고 한다.

그러나 조선 중기에 폐사되는 아픔을 겪게 되었는데, 폐사된 이유로 임진왜란 때 왜군이 방화했다는 설과 왕실에서 폐사시켰다는 설이 있다. 왕실에서 폐사시킨 이유는 안질로 고생하던 어느 왕이 한 점술가의 말을 듣고 그리했다는 설과, 서울의 정동 쪽에 있어 궁중에서 받아야 할 일출을 늘 제일 먼저 받으므로 정동 쪽 등불을 꺼야 조선에서 불교가 자연스럽게 사라진다는 주장에 따라 폐사시켰다는 설이 있다.

어쨌든 오랜 기간 폐사로 남아 있다가 1956년 경덕景德이 중창한 뒤 관세음보살이 늘 머무는 곳이라 해서 절 이름을 낙가사로 바꾸어 오늘에 이르고 있다. 현재 대한불교조계종 제4교구 본사인 월정사의 말사이다.

일주문에 '괘방산 등명낙가사掛榜山 燈明洛伽寺'란 가로로 쓴 현판이 걸려 있다. 일주문을 들어서는데 기둥이 용무늬로 조각된 거대한 돌기둥이다. 한가운데 '대한민국 정동'이라는 글과 함께 나침판이 있다. 이곳이 해가 가장 먼저 뜨는 곳이자 경복궁에서 가장 동쪽에 있는 곳임을 알려 주는 나침판이다.

왼쪽의 부도전을 통과해 조금을 걸어 오르니 오른쪽에 '동명감로약수터'가 있다. 영산전의 오백나한을 조성한 후 발견된 약수란다. 물을 마시니 탄산과 철분이 많이 포함되어 냄새가 특이하다. 그래서인지 약수터 주변이 붉게 물들어 있다.

계단길을 통해 산길을 오르니 불이문이 나온다. 불이문을 통과해 전

1 극락보전과 영산전
2 극락보전 아미타삼
  존불상
3 영산전 나한상

각을 누하진입해 계단을 올라갔다. 넓은 절마당이 모습을 드러낸다.

극락보전이 눈에 들어와 법당 안으로 들어가니 중앙에 서방정토 극락세계의 주인이신 아미타불이, 그 좌우에 관세음보살과 지장보살이 모셔져 있다.

참배를 마친 후 그 옆의 영산전으로 향했다. 영산전은 오백나한을 모시고 있어 오백나한전이라고도 한다. 법당 안에는 석가모니 삼존불과 함께 그 좌우로 오백나한이 모셔져 있다. 이곳의 오백나한은 인간문화재 유근형이 5년에 걸쳐 옥돌玉로 만든 것이란다.

전각 옆의 계단을 통해 삼성각으로 이동을 해 참배하고 절마당에 서서 동쪽을 바라보니 동해가 한눈에 들어온다. 잠시 쉬면서 스님과 기념사진 한 장을 만들고 오른쪽의 계단길로 내려가 약사전 오층석탑으로 갔다.

약사전에는 상단에 만월보전이라는 편액이 붙어 있다. 약사전은 약사유리광여래의 불상을 모신 전각이다. 약사여래는 동방유리광세계의 교주로서 대의왕불이다. 약사여래는 큰 연화 위에 왼손엔 약병을 오른손엔 두려움을 없애는 인印인 시무외인을 하고 있다. 그 좌우에는 일광변조보살과 월광변조보살이 협시해 있다.

옛 등명사터에 세워진 만월보전 앞에는 고려오층석탑이 서 있다. 이 탑은 수다사 창건 당시에 세운 석탑 3기 중 현존하는 5층석탑이란다. 다른 1기의 탑은 1950년 한국전쟁 당시 없어지고, 다른 하나는 절 앞 바다 속에 수중탑으로 세워졌다고 한다. 이 5층석탑은 기단이나 탑신부의 양식으로 볼 때 신라보다는 고려전기의 유물로 추정된다. 강원도

만월보전과 고려오층석탑

유형문화재 제37호로 지정되어 있다.

오층석탑 탑돌이를 하고 나서니 마당 앞쪽에 등명루 누각이 있다. 누각에 올라가니 동해바다가 한눈에 들어온다. 시원한 바닷바람이 몸과 마음을 휘감는 이곳이 명당이라는 생각이 든다.

이렇게 등명낙가사 순례를 마치고 일주문으로 향하는데 비가 내리기 시작한다. 아침에 일기가 불순한 가운데 출발했지만 방생법회와 등명낙가사 순례를 하는 동안에는 날씨가 화창해 행사에 불편함이 없었다. 그런데 순례를 마치고 나니 비가 내리기 시작해 예정되어 있던 정동진 관광은 생략하기로 했다. 출발지인 화성에 도착할 때까지 가을비는 버스 창문 아래로 계속 흘러내렸다.

제4장

호남·
제주지역
순례

33

백제불교 최초 도래지
영광 불갑사

불갑사 일주문

　지역 불자모임에서 정기적으로 갖는 사찰순례를 영광靈光의 불갑사로 다녀오기로 했다. 개인적으로는 그동안 다녀온 108사찰순례의 마지막 순례지이다. 버스는 서해안고속도로를 달려 4시간여 만에 영광IC를 빠져나가 불갑사 입구에 도착했다.

　일주문에 '불갑사佛甲寺'란 세로로 쓴 한자 현판이 걸려 있다. 일주문을 통과해 걷는데 불갑산에서 내려온 맑은 계곡과 함께 평탄한 산책로가 여러 갈래로 조성되어 있다. 산책길 좌우로 9월 중순이면 새빨간 꽃무릇으로 뒤덮인다고 한다. 꽃무릇은 가을철 긴 줄기 위로 꽃이 피고 꽃이 지고 나서야 잎이 나온다. 잎과 꽃이 만날 수 없어 다른 말로 상사화라고 한다. 그래서 상사화의 꽃말은 '이루어질 수 없는 사랑'이다.

　상사화와 관련한 전설도 있다. 어떤 사람을 숨

어서 지독하게 사랑하다 결국 사랑을 이루지 못하고 죽은 이가 있다. 그 무덤에서 피어난 꽃이 바로 상사화란다. 지금은 11월 초순이므로 그런 붉은 색의 장관을 볼 수 없음에 아쉬움을 달래며 천천히 2킬로미터 정도를 걸었다.

불갑사佛甲寺는 백제 침류왕 원년인 384년에 인도 간다라 출신의 고승 마라난타 존자摩羅難陀 尊者가 법성포로 들어와 모악산 자락에 최초로 세운 백제불교의 본거지이다. 그 후 통일신라 원성왕 원년인 785년에 중창되었으며, 크게 번창한 것은 고려 충정왕 3년인 1350년에 각진국사覺眞國師가 중창하면서부터이다. 고려 말에는 수행승 1,000여 명이 모여 40여 동의 전각과 31개 암자를 가진 대도량이었다. 조선조 정유재란 때 대부분 전소되는 불행을 겪기도 했으나, 이후 복원을 거쳐 오늘에 이르고 있다. 현재는 대한불교조계종 제18교구 본사인 백양사白羊寺의 말사이다.

가지런한 돌계단을 올라 '불갑사佛甲寺'란 현판이 걸려 있는 전각 안으로 들어가니 황금색으로 쓰여진 '금강문金剛門'편액이 걸려 있다. 전각을 세운 지 얼마 되지 않은 듯 문 양쪽에 금강역사상이 모셔져 있지 않다.

이곳을 통과해 조금을 더 걸어 계단을 올라가니 사찰경내로 들어가는 중문의 역할을 하는 천왕문이 나온다. 문 양쪽으로 거대한 몸집의 사천왕상이 모셔져 있다.

이곳 사천왕상에 얽힌 슬프면서도 놀라운 이야기가 있다. 안내글에 따르면 조선 말기 고종 6년인 1869년에 중창을 주도했던 설두雪竇 스님

사천왕상

이 1876년에 폐사된 전북 무장 소요산 연기사에서 사천왕상을 옮겨왔다고 한다.

설두 스님의 꿈에 사천왕이 나타나 "우리는 연기사의 사천왕이다. 지붕을 씌워 주면 가람과 삼보를 지켜주겠다"고 했다. 이상히 여긴 스님은 연기사로 갔으나 연기사는 흔적도 없고 사천왕상은 주변 강가 갈대숲에 빠져 있었다. 이렇게 방치된 사천왕상은 불갑사로 옮겨졌다. 그 후부터는 불갑사에 불타는 일이 없게 되었다고 한다. 이 사천왕상은 현존 목조상으로는 국내에서 가장 큰 목조상으로 알려져 있으며 지방문화재 제159호로 지정되어 있다.

불갑사는 불교에서 파생한 건축과 조각예술의 명맥을 잇는 곳으로도 유명하다. 경내 곳곳에 세운 설명을 꼼꼼히 살피며 천천히 시선을 옮기고자 했다.

천왕문을 지나 절마당으로 들어가는 곳에 '불광보조'란 편액이 걸려 있는 정면 다섯 칸 측면 두 칸 규모의 누각 만세루가 있다. 낮은 중층형으로 구성하여 누각 아래로 진입을 못 하게 하고 오른쪽으로 돌아 진입하게 한 점이 이채롭다. 구례의 화엄사에서 본 모습과 유사하게 지어진 모습이다. 이는 외부의 나쁜 기운을 막는 동시에 대웅전을 중심으로 상서로운 기운을 갈무리하여 보호하는 의미를 지니고 있다고 한다. 강학과 법회를 위한 공간으로 사용되는 이 누각은 1644년 중건되었고

1 만세루누각 2 대웅전

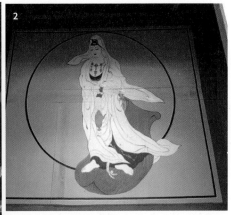

1 목조석가여래삼존불좌
2 백의관세음보살상벽화

1675년과 1802년 중수를 거쳐 보존되어 오고 있다.

만세루를 누하진입할 수 없어 오른쪽으로 돌아 절마당으로 진입하니 중앙에 중심전각인 대웅전이 우뚝 서 있다. 이 대웅전은 보물 제830호로 지정된 전각으로 1762년 소실된 이후 1764년 복원된 것으로 조선 중기 이후의 양식을 그대로 간직한 전각이다. 용마루 중앙에 용의 얼굴을 상징적으로 표현한 보탑형의 장식물이 얹혀 있다.

아침 햇빛에 반사된 단청이 청록색 바탕 위에서 유독 반짝인다. 화려한 꽃살문과 섬세한 교살문이 어우러진 대웅전의 아름다움에 눈길이 간다. 법당에 들어가니 특이하게 불단이 정면이 아닌 측면을 향하고 있다. 조선 후기 목조기법의 우수성을 보여 주는 목조석가여래삼존불좌상이 봉안되어 있다. 석가모니불을 중앙 본존상으로 하고 그 좌우에 동방유리광세계의 약사여래불과 서방정토 극락세계의 아미타불이 모셔져 있다. 조선 인조 13년인 1635년에 조각가 무염 스님이 주도하여 조성된 것으로 보물 제1377호로 지정되어 있다. 불단 뒤로 돌아가니 백의관세음보살상벽화가 모셔져 있다. 선운사나 마곡사 법당에서 본 백의관세음보살의 모습이다.

대웅전 앞마당 좌측에는 문수전이 우측에는 일광당 전각이 서 있다. 스님들의 사용공간으로서 조선 영조 41년인 1765년에 중건되었으며 1840년과 1941년에 보수를 거쳐 오늘에 이르고 있다.

대웅전 뒤로 올라가니 팔상전이 있다. 부처님의 전생부터 열반에 이르기까지의 모습을 그림으로 보여 주는 전각인데 문이 굳게 잠겨 있어 볼 수 없어 아쉬웠다. 그 옆의 칠성각으로 향했다. 1923년에 중건되었다는 전각 안으로 들어가니 중앙에 칠성단을, 그 좌우에 산신당과 독성단을 모셔 놓고 있다. 칠성단은 치성광여래와 칠원성군을 모신 단이다. 수명장수와 복덕구족을 기원한다. 산신단은 모악산의 산신을 모신 단이다. 민간의 자연숭배 및 신선사상을 받아들인 것이다. 독성단은 나반존자를 모신 단이다. 나반존자는 부처님의 부촉으로 열반에 들지 않고 남인도 천태산에서 수행하며 미륵불이 올 때까지 불법을 전하여 교화하고 사람들의 복전이 되는 분이라고 한다.

명부전으로 향했다. 법당에 모셔진 지장보살삼존상과 열 분의 시왕상 등 나무조각상이 너그럽고도 익살스런 모습으로 은근한 미소를 짓게 한다. 지장보살은 자기를 희생해 남을 구제하는 보살로서 곤경에 처한 이웃을 보면 스스로 몸 바쳐 어려움을 해결해 주고, 그 공덕으로 자기도 구원될 것으로 믿고 실천하는 분으로 명부의 주존이다. 시왕은 지장보살의 좌우로 배치되어 있다. 인간 사후 망인을 심판하여 다음 생처를 결정해주는 명부의 왕이다. 이 존상들은 조선 효종 5년인 1654년에 무염 등에 의하여 조성된 것이라고 한다.

이렇게 불갑사는 전각의 배치가 금강문, 천왕문, 만세루, 대웅전, 팔상전을 중심축에 놓고 그 좌우에 오랜 전각이 있으며 사이사이 문수전, 향로전 등 새 전각들이 함께 어우러져 있다.

샘물터에서 약수를 한 모금 마시고 나서 전각을 빠져 나와 일주문으로 향했다. 길옆으로 정성스레 조성한 정원과 조형물들을 감상하며 걸었다. 중간쯤에 있는 해탈교를 지나 왼쪽의 간다라 양식의 탑원으로 향했다. 간다라 지역 사원 유구 가운데 가장 잘 남아 있는 탁트히바히 사원의 주탑원을 본떠서 조성한 탑원으로 백제에 불법을 전하면서 최초로 이곳 법성포로 들어와 발을 디딘 인도의 고승 마라난타존자의 출생지인 간다라 사원 양식의 전형적인 모습을 보여주는 건축물이다.

현 지명인 법성포의 법法은 불교를, 성聖은 성인인 마라난타를 가리킨단다.

이렇게 일주문을 빠져나온 일행은 법성포의 맛집에서 굴비정식을 먹고 나서 함평의 용천사와 고창의 선운사를 순례하고 버스에 올라 화성으로 돌아왔다.

34

서해제일 관음기도도량
부안 내소사

대웅보전 백의관음보살좌상벽화

　지난겨울 선운사 순례 후 늦은 오후여서 가지
못했던 서해제일 관음기도 도량인 부안^{扶安}의 내
소사를 기차와 버스를 이용해 다녀오기로 했다.
아침 일찍 수원역에서 7시 25분에 출발해 정읍역
에 도착하니 10시 35분이다. 이곳에서 멀지 않은
곳에 있는 정읍터미널에서 10시 57분에 출발하는
곰소행 버스에 올라 40여 분을 달려 곰소터미널에
서 내렸다. 여기서 택시를 타고 5분여 만에 내소사
입구에 도착했다.

　'능가산 내소사^{楞伽山 來蘇寺}'란 현판이 걸려 있는
일주문이 눈에 들어온다. 내소사는 대한불교 조계
종 24교구 본사인 선운사의 말사로 백제 무왕 34
년인 633년에 창건된 절이다. 혜구 두타^{惠丘 頭陀}스
님이 이곳에 절을 세워 큰 절을 대내소사, 작은 절
을 소내소사라 했다. 그중 대내소사는 소실되고,

소내소사가 지금의 내소사이다. 조선 인조 11년인 1633년에 청민선사가 임진왜란 때 소실된 옛터에 장엄하고 아름다운 현재의 대웅보전을 건립하면서 중건되었고, 분명하지는 않으나 임진왜란을 전후해 내소사란 명칭을 얻게 되었다.

일주문을 들어서니 이름처럼 '이곳에 오면來 모든 것이 소생한다蘇'는 의미를 담은 내소사來蘇寺의 울창한 전나무 숲길이 뻗어 있다. 침엽수 특유의 맑은 피톤치드 향내음이 몸과 마음을 가볍게 만든다. 이 길은 아름다운 숲 전국대회에서 '함께 나누고픈 숲길'로 선정될 정도로 매력적인 산책로이다.

산책로를 걷는데 '사찰의 삼문三門' 안내글이 눈에 들어온다. 사찰의 중심건물인 대웅보전에 이르는 일주문, 천왕문, 불이문 등 세 단계의 문을 사찰의 삼문이라고 한다. 절에서 만나는 첫 번째 문은 일주문으로 여기서부터 절이 시작된다. 둘 또는 네 기둥이 일자로 서 있어 일주문이라고 부른다. 두 번째로 만나는 문은 천왕문으로 부처의 나라로 나아가기 전 몸과 마음에 남은 악귀를 없애 주는 역할을 하는 사천왕이 모셔져 있다. 세 번째 문은 불이문으로 속세와 구별되는 부처의 세계로 들어선다는 것을 의미하는 역할을 한다. 내소사에서는 봉래루가 불이문의 역할을 한다.

전나무 숲길을 감상하며 600미터 정도 걸으니 피안교가 나온다. 온갖 번뇌에 휩싸여 생사윤회 하는 곳에서 아무런 고통과 근심 없는 깨달음의 세계로 건너는 다리를 뜻한다. 이곳에서부터 천왕문까지는 오래된 벚나무와 새로 심은 단풍나무가 줄지어 서 있어 터널을 이루고 있다.

봉래루

천왕문을 지나 봉래루 누각을 누하진입하여 절마당으로 들어섰다.

　중심전각인 대웅보전으로 올라갔다. 대웅보전은 조선 인조 때 지은 건물로 남향에 정면 세 칸 측면 세 칸의 팔작지붕의 다포계양식의 전각이다. 기법이 매우 독창적인 대표작으로 쇠못을 하나도 쓰지 않고 모두 나무로만 깎아 끼워 맞추어 지었다. 세월의 흐름에 따라 단청은 모두 퇴색되어 나무결을 그대로 드러내고 있다. 그 특유의 고풍스러움과 화려함이 느껴진다. 현재 보물 제291호로 지정되어 있다.

　'대웅보전大雄寶殿'편액의 글씨는 조선 후기의 서예가로 추사 김정희와 쌍벽을 이루었던 이광사李匡師가 썼다고 한다. 전각 전면에 연꽃 국화 모란 등의 꽃살무늬를 조각한 문짝을 달았는데 정교하다. 법당에 들어가니 삼존불이 모셔져 있다. 석가모니불을 주불로 그 좌우에 문수보살과 보현보살을 모서 놓고 있다. 참배를 마치고 나서 불상 뒤의 후불벽면으로 다가가니 엄청난 크기의 후불벽화인 백의관음보살좌상이 모셔져 있다. 우리나라에서 가장 큰 후불벽화라고 한다. 가로 총 6칸의

1 대웅보전 2 대웅전의 문살 무늬

벽면에 화공이 신심을 담아 보살이 한 손으로 바닥을 짚고 반가부좌로 앉아 있는 모습을 단숨에 벽면 가득히 그렸다고 한다.

그 밑에는 영산회괘불탱이 담긴 함이 놓여 있다. 직접 볼 수는 없어 아쉽지만 영산회괘불탱은 석가모니불이 영산회상에서 법화경을 설하실 때의 모습을 그린 그림이다. 이 괘불탱은 숙종 26년인 1700년에 조성되었으며 가로 9.2미터 세로 9.95미터 크기의 탱화로 보물 제1268호로 지정되어 있다.

법당 마룻바닥에 앉아 고개를 들어 법당천장을 쳐다보니 우물천정과 법당단청이 눈에 들어온다. 대단하다는 생각과 함께 감탄사가 절로 나온다.

법당을 나와 지장전으로 향했다. 지장전의 주련이 눈길을 끈다.

어떤 사람들이 만약 부처님의 경계를 알고자 한다면
마땅히 그 뜻을 허공처럼 맑게 하여라
온갖 망상과 마음이 쏠리는 여러 언행을 멀리 떠나보내고

호남·제주지역 순례

마음이 향하는 곳 어디든 거리낌이 없게 하라

부처님의 자애로운 빛이 비치는 곳에선

깨달음의 연꽃이 피고

지혜의 눈으로 세상을 보면 죄지을 사람 아무도 없어

지옥이 텅텅 빌 것일세

지장전을 참배한 후 삼성각을 거쳐 마당에 있는 3층석탑으로 발걸음을 옮겼다. 이 탑은 고려시대에 만든 것이나 신라탑의 양식을 따르고 있다.

마당 오른쪽의 설선당은 이조 18년인 1640년에 사부대중의 수학과 정진장소로 사용하기 위하여 건립된 건물이다. 땅을 평평하게 하지 않고 지형 그대로 자연석을 초석으로 사용하여 지었다. 지방유형문화재 제125호로 지정되어 있다. 설선당 앞에는 산수유 나무가 노란색의 예쁜 꽃을 뽐내고 있다.

공양간을 지나 내소사 뒤편의 청련암을 가는 산길로 접어들어 10여 분 오르니 관음봉 중턱에 관음전이 나온다. 법당으로 들어가니 천수관음상이 봉안되어 있다. 참배 후 법당 앞마당에 서서 아래를 바라보니 내소사의 아름다운 전경이 눈앞에 펼쳐진다.

관음전을 뒤로 하고 산길을 내려오니 선원 옆 계곡에 홍매화 몇 그루가 아름답게 자태를 드러내고 있다. 혼자 보기에 아깝다는 생각이 들어 사진을 찍어 카톡 가족방에 홍매화의 아름다운 모습을 전송했다.

다시 경내로 들어와 봉래루 근처에서 시원한 약수를 먹으면서 마당을 바라보니 천 년 되었다는 높이 20미터 둘레 7.5미터에 달하는 오래

1 관음전 천수관음상
2 관음전에서 본 내소사 전경
3 홍매화

된 느티나무가 서 있다. 그리고 마당 끝
에는 보물 제277호로 지정된 고려 동종
이 모셔져 있는 보종각이 있다. 이 종은 고려 고종 9년인 1222년에 만든
것으로 종의 겉면에 세 분의 부처님이 조각되어 있다. 가운데 본존불은
연꽃 위에 앉아 있고 그 좌우에 협시상이 서 있는 모습이다.

봉래루 앞에는 수령 300여 년 된 보리
수나무가 서 있다. 이렇게 내소사를 기쁜
마음으로 순례하고 나서 지장암으로 향
했다. 지장암은 일주문에서 전나무길을
따라가다가 오른쪽으로 조금을 오르면
자리하고 있는 암자로 발길이 뜸한 조용
한 선방이다.

절마당에 서서 전각들을 바라보니 마
음이 평온해진다. 중심전각으로 올라가

종표면의 부처님상

니 편액에 '서래선림西來禪林'이 쓰여 있다. 어떤 전각인지 궁금해 절마
당에 계신 비구니 스님께 물으니 선방이란다. 스님들이 수행하지 않는
시간에는 일반 참배객에게 개방한다고 한다.

법당에 들어가니 석가모니불을 주불로 그 좌우에 협시불로 보현보
살과 문수보살이 모셔져 있다. 참배를 마치고 그 옆의 나한전으로 향
했다. 법당에서 참배하고 나와 절마당을 바라보니 좋은 곳에 터를 잡
았구나 하는 생각이 든다.

부지런히 일주문을 빠져 나왔다. 주차장에서 정읍으로 가는 2시 20
분 버스를 타기 위해서였다.

35

용화종찰 미륵성지
김제 금산사

미륵전

부안 내소사 순례를 마친 후 김제金堤의 금산사로 가기로 했다. 정읍으로 되돌아와 정읍터미널에서 원평행 버스를 타고 30여 분을 달려 원평에서 내렸다. 근처 가게에 들어가 주인에게 택시를 타려고 한다고 하니 친절하게도 전화로 택시를 불러 주었다. 이곳에서 6킬로미터 떨어진 금산사 입구까지 택시를 이용했다.

매표소를 지나 모악산 산책로를 걷는데 눈앞에 금산사 사찰 관문인 홍예문이 서 있다. 어느 절에서는 사찰의 관문이 일주문 형태로 되어있는데 이곳은 성문 형태로 되어있다. 금산사에 유폐되었던 후백제의 견훤왕 당시인 935년경 금산산성과 함께 축조된 대형 아치형 석문이다.

만인교를 건너 조금을 더 걸으니 큰 바위에 '용화종찰 미륵성지'라고 새겨져 있다. 산길에 우뚝 서 있는 일주문에는 '모악산금산사母岳山金山寺'란 현판이 걸려 있다. 산책로를 걷는데 나무에 걸린 템플스테이 홍보 현수막의 문구에 시선이 간다.

'나는 쉬고 싶어요.

이것이다 저것이다 분별하지 않습니다.

나부터 내버려 두세요'

금산사金山寺는 백제 법왕 원년인 599년에 창건되었다. 그 후 신라 혜공왕 2년인 766년에 진표율사眞表律師가 중창하고 철미륵불상을 모신 후 미륵신앙의 근본도량으로 크게 변모하였다.

임진왜란 당시에는 1500여 승병들의 훈련장으로서 승병들의 헌신적인 활동으로 절이 재난을 겪지 않았다. 그러나 정유재란 때 80여 동의 건물과 암자가 소실되는 비운을 겪었다. 선조 34년인 1601년 수문대사守文大師가 복원불사를 35년간 진행하여 미륵전과 대적광전 등을 낙성하였다.

이후 금산사는 고승들이 주석하면서 한국불교의 정화와 중흥을 위해 애쓰는 곳이 되어있다. 최근에는 월주스님이 1961년 주지로 부임하여 오늘의 가람모습을 갖추게 되었다.

계곡에 만든 아치형의 다리인 해탈교를 건너자 금강문이 나온다. 이

해탈교와 금강문

곳에 모셔진 금강역사상은 불교의 수호신으로 사찰의 문 양쪽을 지키는 수문신장의 역할을 한다. 문 왼쪽에는 밀적금강상과 사자를 탄 문수동자상이, 문 오른쪽에는 나라연금강상과 코끼리를 탄 보현동자상이 모셔져 있다.

문수보살은 지혜를 완전히 갖춘 보살로서 석가모니불의 교화를 돕기 위해 나타난 보살이다. 여러 형상이 있지만, 문수보살이 사자를 타고 있는 것은 지구상의 동물 중 가장 용맹한 동물이 사자이기 때문에 지혜의 용맹함을 나타낸 것이다. 보현보살은 불교의 진리와 수행의 덕을 맡는 보살이다. 자비행을 실천해 나가는 보살로서 문수보살과 함께 석가모니불 옆을 지키고 있으며 연화대에 앉거나 여섯 이빨을 지닌 흰 코끼리를 타고 있다.

금강문을 통과하자 천왕문이 서 있다. 불국정토의 외각인 동서남북을 지키는 외호신인 사천왕을 모신 전각이다.

천왕문을 지나 오른쪽 마당에는 당간지주가 있다. 사찰임을 알려주는 '당幢'이라는 깃발이나 괘불을 달아 두는 장대를 간竿이라 하고, 이 장대를 양쪽에서 지탱해주는 돌기둥을 지주라 한다. 이곳의 당간지주는 통일신라의 전성기라고 하는 8세기 후반에 세워진 높이 3.5미터의 석물로 보물 제28호로 지정되어 있다.

일주문 금강문 천왕문에 이어 네 번째의 관문으로 절마당으로 들어가는 마지막 관문인 보제루로 향했다. 모든 이들은 2층 누각 아래로 누하진입하여 절마당으로 들어가게 된다. 누각의 2층은 법회와 강설 대중집회의 장소로 쓰인다.

대적광전 비로자나불 등 불상

　넓은 마당 정면에 중심전각인 대적광전이 서 있고, 우측에 미륵전이 우뚝 서 위용을 뽐내고 있다. 대적광전은 연화장세계의 주인인 비로자나불을 본존불로 모신 앞면 일곱 칸의 대법당이다.

　화엄종의 맥을 계승하는 사찰에서는 주로 이 대적광전 전각을 본전으로 건립한다. 조선시대의 건물이었으나 1986년 화재로 전소된 후 1990년에 복원됐다. 법당에 들어가니 전각이 큰 만큼 약사여래불·노사나불·비로자나불·석가모니불·아미타불 등 다섯 여래불과 월광·일광·문수·보현·관음·대세지보살 등 여섯 보살을 모셔 놓고 있다.

　참배를 마치고 나와 대적광전 뒤로 돌아가 나한전에 들어갔다. 일반적으로 나한전에는 사성제를 깊이 깨달아 일체의 무명과 애착을 여의고 모든 괴로움이 소멸된 열반의 경지에 이른 16나한을 모시든가 오백나한을 모시든가 한다. 이곳 법당에는 석가여래를 본존으로 하여 그 좌우에 미륵보살과 제화갈라보살, 그리고 아난, 가섭, 16나한상이 모셔져 있고 그 뒤로 오백나한이 조성되어 있다.

　나한전 참배 후 오른쪽에 조성된 방등계단 사리탑으로 향했다. 보물 제26호인 방등계단은 수계법회를 거행할 때 사용하는 일종의 의식법회 장소이다. 이곳에는 부처님 진신사리가 봉안된 높이 2.57미터에 달하는

석종형의 사리탑이 있다. 일반인의 출입이 금
지되어 둘러보지 못하여 아쉽다. 양산 통도사
에서 본 금강계단의 모습이 오버랩된다. 그 옆
에는 적멸보궁이 있다. 여느 적멸보궁처럼 법
당 안에 불상을 따로 모셔 놓지 않고 유리창을
통해 사리탑전에 예배하도록 하고 있다.

육각다층석탑

　절마당으로 내려와 금산사의 상징과도 같은 국보 제62호인 미륵전으
로 갔다. 미래의 부처님인 미륵이 그분의 불국토인 용화세계에서 중생
을 교화하는 것을 상징화한 법당이다. 진표율사가 건립하고 정유재란
때 불탄 것을 조선 인조 때 수문대사가 복원하였다. 외향으로는 3층 구
조로 되어 있지만, 법당 안으로 들어가니 통층으로 되어있다. 충북 진
천의 보탑사는 내부도 삼층구조로 되어있어 3층까지 오를 수 있었으
나, 이곳은 그렇지가 않다.

　통층으로 되어있으므로 법당 내에는 11.82미터의 미륵불상과 8.79
미터의 대묘상보살과 법화림보살상 등 거대한 삼존불이 모셔져 있구
나 하는 생각을 하면서 참배를 했다. 참배를 마치고 법당에 앉아 법당
내부를 살펴보고 아내가 이야기한 대로 지하에 있다는 철제연화대를
찾고자 했으나 보이질 않는다. 법당보살에게 다가가 공양미를 사면서
물으니 미륵불 지하로 안내하며 설명을 해 준다.

　"여기에 앉아서 구멍으로 손을 넣어 보세요. 무엇이 만져져요?"

　"철제솥이 만져지는데요."

　"그걸 만지면서 소원을 빌면 소원을 성취한다고 하니 소원을 빌어 보세요."

"행복한 삶의 사찰기행이 성공적으로 이루어지기를 기원합니다."

전해지는 바에 따르면 미륵전의 터는 원래 용이 살고 있던 연못이었으나 어떤 고승의 가르침에 따라 참숯으로 연못을 메워 용을 쫓고 미륵전을 건립했다고 한다.

미륵전을 나와 석련대로 발걸음을 옮겼다. 보물 제23호로 지정된 석련대는 고려초기에 조성된 불상의 대좌로서 높이가 1.52미터, 둘레가 10미터에 이르는 거대한 연화대좌이다. 그 옆에는 탑의 재질이 흑색의 점판암으로 된 특이한 육각다층석탑이 서 있다. 고려 문종 33년인 1079년에 조성된 것으로 보물 제27호로 지정되어 있다.

노주와 석등이 서 있다. 노주는 밤에 관솔불을 피워 마당을 밝히는 것이고, 석등은 등불로 마당을 밝히는 것이다. 이어서 저승의 유명계를 사찰 속으로 옮겨 놓은 전각이자 죽은 이의 넋을 인도하여 극락왕생하도록 기원하는 명부전으로 이동했다. 법당에 들어가니 왼손에 금강보륜을 쥐고 있는 지장보살을 중심으로 하여 무독귀왕과 도명존자, 유명계의 심판관인 시왕十王을 모셔 놓고 있다.

그 옆의 대장전은 보물 제827호로 지정된 전각으로 진표율사가 미륵전을 짓고 이를 장엄하는 정중목탑으로 세웠다고 한다. 창건 당시에는 미륵전 앞 우측에 세워진 목탑이었다. 조선 인조 때 수문대사가 목탑을 지금과 같은 전각으로 변형시켜 이름을 대장전이라고 했다. 전각 입구 문 왼쪽 외벽에는 사자를 타고 있는 문수보살이, 오른쪽 외벽에는 흰코끼리를 탄 보현보살이 그림으로 모셔져 있다. 법당에는 석가모

니불과 그 좌우에 아난존자와 가섭존자를 모셔 놓고 있다.

보제루 옆 원통전으로 향했다. 관세음보살을 주불로 모셔 놓은 전각이다. 관세음보살이 주원융통하게 중생의 고뇌를 씻어 주는 분이라는 뜻에서 원통전이라고 한다. 관세음보살의 보관 위에는 아미타불이 그리고 아래에는 십일면관음보살이 모셔져 있다.

이렇게 국보와 보물급 불교문화재가 곳곳에 있는 금산사순례를 즐겁게 마치고 금강문을 거쳐 해탈교로 나오니 계곡의 물 흐르는 소리가 리듬을 타면서 시원하게 들린다. 계곡물 소리를 벗삼으며 저녁의 산길을 따라 일주문까지 걸었다.

버스 정류장에서 김제해 버스를 타고 40여 분을 달려 김제역에 도착해 저녁 8시 17분 기차에 올라 수원으로 향했다.

36

구산선문 최초가람
남원 실상사

극락전

　남원의 보리암을 순례하고 순천에서 하루를 보낸 후 민족의 명산 지리산 북쪽에 위치한 남원南原의 실상사를 순례하기로 했다. 실상사는 새천년이 시작된 다음 해인 2001년에 부모님을 모시고 지리산에 왔다가 방문했던 사찰이다. 그때의 모습을 추억해 보지만 부친은 몇 년 전에 돌아가셨고, 절의 모습 또한 흐릿하게만 기억이 난다.

　순천 역에서 9시 30분 새마을호 기차를 타고 10시 조금 넘어 남원역에서 내렸다. 하늘은 맑고 날씨는 쾌청하다. 역 광장 관광안내소에서 버스로 실상사를 가는 방법을 물으니 1시간 반 정도 터미널에서 기다려야 한단다. "시간을 아끼자"란 생각에 택시를 타기로 했다. 고속도로를 통해 30여 분만에 인월을 거쳐 지리산 천왕봉이 멀리 보이는 실상사 주차장에 도착했다.

실상사實相寺는 선禪의 가르침이 처음으로 뿌리를 내린 곳으로 신라 홍덕왕 3년인 828년에 증각대사證覺大師가 지리산 천왕봉을 바라보는 평지에 세운 사찰이다. 신라시대 구산선문九山禪門[1]은 최초로 문을 연 남원 실상사를 비롯하여 강릉 굴산사, 영월 홍녕사, 문경 봉암사, 보령 성주사, 곡성 태안사, 장흥 보림사, 창원 봉림사, 황해도 해주의 광조사 등이 있다. 지리산 여러 봉우리를 연꽃잎으로 삼은 연밥에 해당하는 곳에 들어선 사찰이 실상사란다. 천왕문 앞에 서서 지리산을 보니 지리산 천왕봉이 눈에 들어온다. 실상사는 1200년의 역사를 간직한 사찰로서 국보 1개, 보물 11개 등 많은 문화재를 보유하고 있다.

천왕문에 들어서는데 기둥의 주련이 특이해 느낌과 분위기가 여느 절과 다르다. 다녀 본 여느 절의 주련은 한자로 되어있거나 드물게 읽기 쉬운 한글로 되어있다. 이곳의 주련은 한글이긴 한데 작가 안상수의 '안상수체'로 쓰여 있다. 1200년의 숨결이 살아 있는 실상사의 분위기와 달리 주련이 겉돈다는 느낌이 드는데 나만의 생각일까? 다가가 읽어 보니 '가득함도 빛나고, 비움도 빛나라'라는 글귀이다.

경내로 들어서니 넓은 평지에 전각들을 만들어서인지 절 모습이 한 눈에 들어온다. 마당 여기저기에 각종 설치물이 있어 미술전시관에 와 있는 느낌이다. 왼쪽의 극락전부터 순례를 시작하기로 했다. 약수터에

---

1 선종禪宗은 참선 수행으로 자신의 본성을 구명해서 성불함을 목표로 하는 종파이다. 9~10세기에 신라 말 고려 초의 사회변동에 따라 선종을 산골짜기에서 펴뜨리면서 당대의 사상계를 주도한 아홉 갈래의 대표적 승려집단이 구산선문이다.

호남·제주지역 순례

1 천왕문의 한글주련 2 천왕문의 한글주련

서 샘물을 한 모금 마시고 생태뒷간을 거쳐 소위 '지리산 제일 명당 극락 가는 길'을 따라 걸었다.

탑비가 눈에 들어온다. 보물 제39호인 실상사 증각대사탑비實相寺 證覺大師塔碑이다. 실상사를 세운 실상산문의 개산조인 홍척洪陟스님의 공적이 새겨진 비이다. 본명이 홍척이고 증각대사는 사후 임금이 내린 시호다. 아쉽게도 몸체는 없어지고 비머리와 받침돌만 남아 있다. 일반적인 용머리 모양이 아닌 거북머리 모양의 받침돌이다.

그 옆 텃밭에서 김을 매고 있는 스님과 인사를 나누고 극락전으로 들어갔다. '목탁'이란 편액이 걸려 있는 요사채는 지리산의 명당으로 소문이 나 있어 많은 선객들이 와서 머물곤 한단다.

그 옆의 극락전은 서방정토 극락세계를 주관하는 아미타불을 모신 전각이다. 정유재란 때 소실된 것을 숙종 때 다시 지었지만 이후 고종 때 함양과 산청 출신 유생들이 절터를 가로채고자 건물을 불태웠다. 후에 승려들이 돈을 모아 재건하여 오늘의 모습을 갖게 되었다. 전북 유형문화재 제45호로 지정되어 있다.

법당 안에는 아미타불좌상이 봉안되어 있다. 이 불상은 우리나라에서 20여 개만 있는 건칠불이다. 건칠불은 흙으로 만든 불상에 옻칠과 삼배를 반복해 붙인 불상을 말한다.

자료를 보니 인체에만 사용하는 3D-CT로 촬영한 결과 이곳 아미타불 머리에서 고려시대 '대반야바라밀다경' 1첩이 발견되었다고 한다. 뽕나무로 만든 종이(상지)에 은가루(은니)로 사경하여 종이를 일정한 폭으로 접은 절첩장 형태의 사경으로 국내에 4점만 남아 있는 보물이란다.

참배를 마치고 나오니 왼쪽에 홍척스님의 제자인 수철秀澈스님의 부도탑인 보물 제33호 실상사 수철화상탑實相寺秀澈和尙塔이 있다. 높이 3미터로 전형적인 통일신라시대의 탑모양인 팔각형의 모습이다. 몸체 각면에는 사천왕의 모습을 새겼다. 그 옆에는 보물 제34호인 수철화상탑비가 있다. 수철화상은 양산 심원사에서 수행하다가 실상사로 와서 절을 크게 만든 공로자란다. 그가 세상을 떠나자 부도탑과 함께 탑비를 세웠다고 한다.

평지인 실상사는 경내에 기왓장을 깔아 길의 경계를 만들어 놓아 운치가 있다. 봄꽃과 잘생긴 소나무를 감상하며 절마당으로 나와 조그만 칠성각 편액이 걸려 있는 전각으로 발걸음을 옮겼다. 참배를 하고 나서 그 옆에 있는 중심전각인 보광전으로 향했다.

1 극락전 아미타불좌상
2 보광전의 자연친화적인 모습

보광전普光殿은 고종 21년인 1884년에 지은 전각으로 정면과 측면 모두 세 칸의 주심포 건물이다. 조선 후기의 양식을 보여 주고 있으며 아담하지만 단청이 안 되어 있어 속살을 허옇게 드러내고 있다. 지붕을 보니 나무로 만든 장식이 아름답다. 가공하지 않은 목재를 써서 기둥을 지은 것이 자연친화적이고 특이하다.

법당 안에는 아미타 삼존불을 모셔 놓고 있다. 본존불은 서방정토 극락세계의 주인이신 아미타불로 조선시대에 조성되었고, 좌측에는 아미타불의 자비문을 관장하는 관음보살이, 오른쪽에는 아미타불의 지혜문을 상징하는 대세지보살이 모셔져 있다. 이곳의 두 협시보살은

실상사   283

약사전의 철조여래좌상

지금의 베트남에서 가지고 온 것으로 극락전에 모셔져 있던 것을 다시 이곳으로 모셔와 봉안했다고 한다.

불상 뒤 탱화에는 아미타여래도가 모셔져 있다. 법당 안에는 강희 33년인 1694년에 주조한 동종이 있다. 실상사 동종은 지방문화재로 신라시대의 것이 아니라 조선조 숙종 때 만들어졌다. 이 종에는 우리나라와 일본의 지도가 새겨져 있어 일본의 경거망동을 경고하고 우리나라를 흥하게 한다는 이야기가 전해져 오고 있다.

보광전을 나와 왼쪽의 약사전으로 발걸음을 옮겼다. 몸과 마음의 병을 낫게 함으로써 중생을 교화하리라는 서원을 세운 약사여래를 모신 전각이다. 전각 안에는 수철화상이 4천근의 철로 만들었다는 거대한 철불이 모셔져 있다. 9세기부터 유행한 철불의 초기작품으로 추정되며 보물 제41호인 철조여래좌상이다. 손 모양은 아미타여래좌상인데 특

호남·제주지역 순례

1 삼층석탑 2 석등과 돌계단

이하게 주민들은 약사불로 보았고 그렇게 전승되어 왔다고 한다. 다른
부분은 모두 철인데 손 부분만 나무로 되어있다. 손상된 부분을 나무
로 보완했다고 한다. 이 법당은 아픈 이들이 병의 치료차 찾아와 많이
기도하는 곳이라고 한다.

약사전 참배를 하고 나와 명부전으로 향했다. 주존인 지장보살과 여
러 지옥의 모습을 그린 시왕十王의 그림이나 조각을 모셔 놓은 전각이다.
지장보살의 좌우로는 도명존자와 무독귀왕이 협시로 서 있고, 그 좌우
로 시왕상이 모셔져 있다.

이렇게 전각을 둘러보고 나서 보광전 앞 절마당으로 발걸음을 옮
겼다. 보물 제37호인 삼층석탑이 좌우에 있다. 1가람 2탑의 전통을 따
르고 있다. 탑은 부처님의 진신사리나 경전, 작은 불상 등을 봉안한 조형

물이다. 이곳의 삼층석탑은 전형적인 통일신라시대의 석탑 양식이다. 매우 안정감이 있어 보인다.

그 탑과 탑 사이 법당 앞에는 통일신라시대에 조성된 보물 제35호인 석등이 있다. 화엄경에서는 부처님께 공양하는 공양구 가운데 가장 으뜸가는 것이 등燈이라고 한다. 이곳의 석등은 장중하면서도 아름다운 장구모양의 기둥에 8면의 창위에 둥근 지붕을 얹고 연꽃으로 장식한 모습이다. 석등 앞에는 등을 켤 때 오르내리도록 마련한 돌계단이 있는데 국내에서는 이곳이 유일하단다.

절을 빠져 나와 논길을 걸어 해탈교에 도착했다. 지리산 계곡에서 발원한 내를 가로질러 만든 다리이다. 이 다리를 건너기 전과 건넌 후 양쪽에 남자모습의 석장승이 서 있다. 건너기 전 2개 건넌 후에 2개 등 원래는 4기의 석장승이 있었으나 지금은 3기만 남아 있다.

다리를 건너 식당으로 들어가 주인에게 맛있는 것을 부탁하니 남원 추어탕을 권한다. 추어탕을 맛있게 즐기면서 먹었다.

버스를 타고 가다 인월에서 남원행 버스로 환승해 남원에 도착하니 2시 20분이다. 택시를 타고 남원역으로 달려 수원행 무궁화호에 바로 탈 수 있었다. 수원역에 도착하니 6시가 조금 넘은 시간이다.

봄에 가고 싶었던 남도 사찰순례를 마치고 돌아오니 성공적으로 사찰순례를 해냈음에 흐뭇한 미소가 입가에 번진다.

37

고즈넉한 산사
부안 개암사

개암사 전경

큰아들네 가족과 함께 변산의 아름다운 절로 알려진 개암사를 다녀오기로 했다. 서해안고속도로를 달려 부안^{扶安} IC로 빠져 나와 얼마를 달려 개암저수지를 휘돌아 조성된 벚꽃길을 거슬러 올라 주차장에 도착했다.

일주문에 '능가산 개암사^{楞伽山 開巖寺}'란 편액이 걸려 있다. 자연석이 아닌 용머리 조각을 한 돌 위에 기둥을 세워 놓았고, 기둥에도 용이 기둥을 감싸는 모양의 조각이 되어있다.

개암사는 백제 무왕 35년인 634년에 묘련대사^{妙蓮大師}가 창건하였다. 통일신라 때는 문무왕 16년인 676년에 원효대사와 의상대사가 이곳에 머물면서 중수하였고, 고려 충숙왕 원년인 1313년에는 원감국사^{圓鑑國師}가 중창하여 30여 동의 건물을 지닌 대가람이 되었다.

1592년 임진왜란 때 소실된 것을 효종 9년인 1658년에 밀영선사^{密英禪師}와 혜징선사^{慧澄禪師}가 대법당을 지으면서 본격 재건되었다. 정조 7년인 1783년 승담선사^{勝潭禪師}가 중수하는 등 몇 차례 중수를 거쳐 오늘에 이르고 있다. 현재 대한불교조계종 제24교구 본사인 선운사의 말사로 되어있는 소박한 사찰이다.

일주문을 통과해 산길을 걸어 오르는데 오른쪽의 돌다리를 건너면 절로 들어가게 된다. 다리 이름이 '불이교'이다. 여느 절의 불이문이자 해탈문의 역할을 하는 다리로 여겨진다.

내소사 진입로가 전나무 숲으로 유명하다면, 개암사 진입로는 단풍나무가 유명하다. 입구의 작은 불이교 다리를 건너 절마당까지 이르는 짧은 길이 단풍나무길이다.

사천왕문에 조성된 사천왕상은 색을 칠하지 않은 자연 상태의 모습을 하고 있다. 지은 지 오래지 않아 단청이 안 된 모습의 누각이 눈에 들어온다. 누각 밑으로 누하진입해 절마당에 들어서니 중심전각인 대웅보전이 눈에 들어온다. 대웅보전 뒤로는 울금바위를 내민 산자락이 든든하게 둘러서 있는 것을 볼 수 있다.

먼저 중심전각인 대웅보전으로 다가갔다. 누군가가 귀띔한 대로 현판 위 처마 밑에 두 개의 도깨비 얼굴인 귀면상이 붙어 있다. 보물 제292호인 대웅보전은 정면 세 칸 측면 세 칸의 팔작지붕 다포식 건물이다. 주춧돌은 거의 다듬지 않은 돌로, 아예 울퉁불퉁한 면에 맞춰 기둥 뿌리를 깎아 세웠다. '대웅보전大雄寶殿' 현판은 조선 말기 명필 이광사가 썼다고 한다. 법당 안으로 들어가니 조각이 화려하다. 불단 위에는 석가모니불을 중심으로 그 좌우에 지혜의 상징인 문수보살과 중생제도의 상징인 보현보살이 모셔져 있다. 다포건물을 본뜬 화려한 닫집을 달고, 그 닫집 안에는 여의주를 입에 문 아홉 마리의 용이 뒤얽혀 있는 모습의 목조각을 달았다. 조각기술에 넋을 잃고 보고 또 보며 감탄했다.

사천왕상

법당참배를 마치고 나오니 낯익은 주련이 눈에 들어온다. 화성 신흥사 절마당의 탑돌이를 끝내고 외우던 낯익은 글귀이다.

천상천하 무여불天上天下 無如佛 하늘 위 하늘 아래 부처님 같으신 분 없으시네

시방세계 역무비十方世界亦無比 온 시방세계 둘러보아도 또 비교할 만한 이 없고

세간소유아진견世間所有我盡見 이 세상에 있는 모든 것을 내가 다 살펴보았지만

일체무유여불자一切無有如佛者 그 모두가 부처님같이 존귀한 분 찾을 수가 없네

대웅보전 오른쪽 옆의 계단을 올라 산신각으로 발길을 옮겼다. 전각 안으로 들어가니 여느 산신각에서 본 벽화의 모습이 아니다. 돌로 만든 호랑이를 타고 앉은 산신상이 조각되어 있어 특이하다. 이곳은 많은 이들이 효험이 있다고 해서 찾는 곳이란다.

1 대웅보전 현판과 그 위의 귀면상
2 대웅보전내 삼존불
3 닫집안의 여의주를 문 용들의 모습

대웅보전 왼쪽 전각은 관음전
이다. 관음전 안에 관세음보살과
함께 모셔진 문수동자와 보현동자
의 얼굴모습이 특이하다. 우측의 보살모습이 원숭이 모습이다. 궁금하
다는 생각을 하면서 참배를 하고 나왔다.

절마당으로 내려와 응진전으로 향했다. 응진전 앞에 보물 제1269호
인 '영산괘불탱 및 초본' 안내글이 있다. 석가를 중심으로 좌우에 여섯
분의 보살을 모신 석가칠존도 형식의 영산회상도이다. 석가가 영축산
에서 설법하는 모습이 그려져 있다. 조선 영조 25년인 1749년에 의겸
과 영안이 그린 이 괘불탱은 길이 14미터 폭 9미터의 크기를 자랑하는
대형불화로서 장수와 극락정토를 기원하는 영산재에서 사용된다. 현
재 보물 제1269호로 지정되어 있다. 이와 함께 이곳 개암사에는 괘불

1 산신각
2 관음전내 원숭이모습의 보현보살

과 같은 크기의 초본草本이 함께 전해지고 있다. 초본은 남아 있는 경우
가 거의 없어 괘불의 가치가 무척 크다고 한다.

　웅진전 안으로 들어가니 중앙에 부처님이 있고 그 좌우에 아난존자
와 가섭존자, 그 양쪽으로 16나한이 모셔져 있다. 제자 중 불교의 정법
을 지키기로 맹세한 16분을 조각해 모셔 놓은 것으로 자세히 살펴보니
각이 진 턱의 나한들이 저마다 금강경, 새끼호랑이, 염주, 경전 등을 들

호남·제주지역 순례

고 다양한 모습을 하고 있어 재미있다. 숙종 3년인 1677년에 조성되어 전북유형문화재 제179호로 지정되어 있다.

　마당 건너편의 지장전으로 향했다. 전각 안으로 들어가니 '청북리 석불좌상'이 모셔져 있다. 고려시대에 조성된 지장보살상으로 자세히 다가가 보니 둥근 얼굴에 자그마한 입과 지긋이 뜬 눈에서 고통받는 중생을 구제하시는 지장의 참모습이 느껴진다. 전북유형문화재 제123호로 지정되어 있다.

　지장전을 참배하고 나와 종각 쪽으로 발걸음을 옮기는데 비구스님이 마당에서 작업을 하고 계신다. 다가가 인사를 하고 물었다.

　"스님, 이곳 개암사에서 특이한 게 뭐가 있나요?"
　"글쎄요?" 하시더니, "대웅보전 뒤로 바위가 보이지요?"
　"네 보이는데요."
　"우금암이라는 곳입니다. 원효와 의상이 도를 닦던 곳이에요."
　"어느 쪽으로 올라가나요?"
　"절 옆길로 올라가면 됩니다."
　"고맙습니다."

　이렇게 스님과 대화를 주고받은 후 종각으로 발걸음을 옮겼다. 이곳 동종은 조선 숙종 15년인 1689년에 만든 종이다. 종뉴의 사각형 안에 25개의 범자와 2행으로 된 명문이 새겨져 있다. 몸통의 4개의 유곽 사이에는 두 손으로 꽃을 잡고 보관을 쓴 비천보살상을 조각하였다. 전북유형문화재 제126호로 지정되어 있다.

가족들에게 스님과 나눈 얘기를 전하며 이곳에 왔으니 우금암에 다녀오자고 했다. 절담을 따라 조성된 녹차밭 옆을 지나 700여 미터의 가파른 산길을 앞서거니 뒤서거니 하며 올랐다. 30분여를 오르니 시야가 훤히 트이는 곳에 굴이 두 개 있다.

백제 멸망 후 신라인인 원효대사는 우금암의 원효방에서 수행하며 나라를 잃은 백제유민들의 마음을 달래주고 위로했다고 한다. 아들네 가족들과 함께 원효방이라는 토굴 속에 앉아 원효와 의상의 숨결을 느끼고자 했다.

산을 내려와 절마당에서 우금암을 쳐다보니 절과 너무 잘 어울린다. 절 종무소에 들러 조서현 씨의 설명을 들으니 이곳이 죽염으로 유명한 곳이란다. 죽염은 천삼백여 년 전 진표율사께서 제조방법을 전수한 이래 불가의 스님들 사이에서 민간요법으로 전래되어 온 건강소금이다. 불가의 비전으로 개암사 주지스님이 그 비결을 전수하여 민간에 보급했다고 한다.

커피 한 잔을 대접받고 자세한 설명을 들은 후 죽염을 구입했다. 손주들과 함께 절을 빠져나오는데 울창한 녹음이 싱그럽다.

38

한국 선의 발원지
곡성 태안사

하현달과 어우러진 대웅전

몇몇 지인들과 '좋은 만남'을 결성해 1박2일 남도 투어를 하기로 하고 순천역에서 정오에 만나기로 했다. 나는 하루 먼저 출발해 곡성谷城의 태안사를 순례하고 순천으로 가고자 했다.

전날 밤 11시 16분 수원역에서 기차를 타고 곡성역에 내리니 새벽 3시이다. 택시를 타고 태안사에 도착하니 새벽 4시가 안 된 시간인데 절의 하루는 이미 시작되었다. 밤하늘에 하현달이 떠 있는 가운데 새벽 예불소리가 산사에 울려 퍼지고 있다.

태안사는 신라 경덕왕 1년인 742년에 하허삼위신승何許三位神僧이 창건했다. 문성왕 9년인 847년에 적인선사寂忍禪師 혜철惠哲이 이 절에서 법회를 열어 구산선문의 하나인 동리산문桐裡山門을 열었다. 고려 태조 때에는 광자대사廣慈大師 윤다允多가 절을 중창하면서 동리산파의 중심 사찰로 발전했다. 이후 조선조 숙종 9년인 1683년 정심이 중창하였다. 1950년 한국전쟁으로 대웅전 등 많은 전각이 소실되는 아픔을 겪었고 최근에 많은 복원공사가 진행되었다. 현재 대한불교조계종 제19교구 본사인 화엄사의 말사이다.

대웅전 삼존불

　일주문에 '동리산 태안사桐裏山 泰安寺' 현판이 걸려 있고 안쪽으로 보면 '봉황문鳳凰門' 현판이 걸려 있다. 이곳의 일주문은 하동의 쌍계사, 순천의 송광사와 함께 아름다운 일주문으로 손꼽힌다. 1950년 한국전쟁 때 태안사의 많은 건물이 거의 다 소실되어 화마를 피한 건물은 능파각과 일주문 두 채뿐이란다.

　일주문을 지나자 바로 오른쪽에 부도군이 있고 조금을 더 오르니 '보제루'란 현판이 걸린 누각이 있다. 누각 옆의 돌계단을 올라 절마당으로 들어갔다.

　중심전각인 대웅전과 법당 내 스님들의 모습이 하현달과 함께 무척이나 아름답다. 법당 안으로 들어가니 다섯 분의 비구스님들이 예불 중이다. 법당에는 서방정토 극락세계의 주인이신 아미타불을 주불로 그 좌우에 지장보살과 관세음보살이 모셔져 있다. 1시간여에 걸쳐 예불에 동참하고 108배를 하고 긴 시간 명상을 하면서 산사의 고요함에 취해 있다가 법당을 나왔다. 대웅전의 주련에 눈길이 간다.

불신보편시방중佛身普遍十方中 부처님은 우주에 가득하시니

삼세여래일체동三世如來一體同 삼세의 모든 부처님 다르지 않네

광대원운항부진廣大願雲恒不盡 광대무변한 원력 다함이 없고

왕양각해묘난궁汪洋覺海渺難窮 넓고 넓은 깨달음의 세계 헤아릴 수 없네

구경청정미묘법究竟淸淨微妙法 최상의 깨달음 청정미묘한 법은

위광편조이군생威光遍照利群生 위엄을 두루 비추어 중생을 이롭게 하네

대웅전 오른쪽 마당에 있는 계단을 오르는데 왼쪽에 '○시심마○是甚摩'라는 글씨가 세로로 음각된 비석이 서 있다. 이 말 속에는 '무엇이 부처인가?' '그대의 본래면목은 무엇인가?' 하는 의미가 담겨있다. 그리고 '그것은 너는 나는 누구인가?'이며, 더 나아가 문제의식을 가

1 배알문 2 적인선사탑

호남·제주지역 순례

리키는 철학적인 주제이다.

오른쪽의 약사전에서 참배를 하고 난 후 계단을 더 오르니 선원이 나온다. 대나무로 경계를 지어 일반인의 접근을 막고 있다. 혜철 적인선사 조륜청정탑 방향을 알리는 표지판을 따라 발걸음을 옮기며 계단 위를 보니 조그만 문이 서 있다.

15계단을 올라 배알문拜謁門 이란 편액이 걸려 있는 곳에 도착해 허리를 구부려 조그만 문을 통과했다. 아마도 자신을 낮추고 들어가라는 뜻이 내포되어

솥뚜껑모양의 바라악기

있는 문이라는 생각이 든다. 문을 통과하니 적인선사탑이 서 있다. 태안사를 구산선문의 하나인 동리산문으로 세운 혜철스님의 사리를 모신 승탑이다. 혜철의 시호가 적인선사이고 탑호가 조륜청정이어서 적인선사 조륜청정탑이라고도 한다. 통일신라 후기에 조성된 것으로 스님이 입적한 경문왕 원년인 861년에 조성된 것으로 추정한다. 이 탑은 보물 제273호로 지정되어 있다.

탑을 참배하고 절마당으로 내려오는 길에 삼성각을 참배하고 만세루로 향했다. 보제루 누각 1층인 만세루에는 태안사 관련 사진들이 전

시되고 있다. 관람하다가 '바라'사진이 눈에 들어온다.

바라는 승가에서 종교적으로 사용되거나 무용도구로 쓰이는 물건이다. 태안사 바라는 솥뚜껑 모양의 타악기 두 짝으로 지름 92센티미터, 둘레 3미터의 규모로 국내에서는 가장 크다. 너무 커서 한 사람이 두 손으로 치기는 어려운데 어떻게 사용되었는지 궁금할 뿐이다. 효령대군이 세종과 왕비 왕세자 등의 수복을 빌기 위해 제작된 것이라고 한다. 직접 눈으로 볼 수 없어 아쉬움이 남는다. 현재 보물 제956호로 지정되어 있다.

만세루 옆의 범종각에 있는 동종은 세조 3년인 1475년에 주조되었으나 깨졌고, 이후 선조 14년인 1581년에 다시 주조한 것이다. 보물 1349호인 동종을 살펴보고 있는데 어디선가 보살님이 부른다.

"처사님?"
"저요?"
"처사님, 공양 들고 가세요."
"네 감사합니다."

반갑게 인사를 하고 공양실에 들어섰다. 기둥에 붙어 있는 오관게五
觀揭가 눈에 들어온다.

'이 음식이 어디서 왔는고
내 덕행으로 받기가 부끄럽네.
마음의 온갖 욕심을 버리고

삼층석탑과 절모습

몸을 보호하는 약으로 알아
깨달음을 이루고자 이 공양을 받습니다.'

절 식구들과 함께 앉아서 아침 공양을 맛있게 먹고 공양간 보살에게
진심 어린 감사의 말을 전하고 나왔다. 절마당 바깥 100여 미터 떨어진
언덕에 위치한 천불전으로 발걸음을 옮겼다. 이른 아침이어서인지 나이
지긋한 비구스님이 편안한 차림으로 맞이해 주신다. 인사를 건네고 법당
안으로 들어가 참배하고 나와 그 옆의 산왕각까지 참배하고 내려왔다.

일주문으로 향하는데 공사 중인 부도군을 지나치기가 아쉬워 어수
선하지만 들어갔다. 태안사를 중창하고 크게 빛낸 업적을 기리는 광자
대사 윤다의 부도 등을 참배하고 나왔다. 이 부도는 보물 제275호로도
지정되어 있다.

일주문 옆에는 연못이 있고 연못 중앙에 삼층석탑이 모셔져 있다.

원래 절입구의 광자대사탑 바로 옆에 있던 것을 지금의 위치로 옮겨 놓은 것이다. 신라 말이나 고려 초에 조성된 것으로 추정되는 삼층석탑에는 부처님 진신사리가 봉안되어 있다. 연못에 핀 하얀 연꽃들과 산사의 모습이 어우러져 아름다운 모습을 연출하고 있다. 인증샷을 만들고 근처 등산로 쪽으로 400여 미터 올라가 산속에 있는 성기암의 성공전聖供殿과 등산로 입구에 있는 봉서암의 극락보전極樂寶殿을 참배한 후 산길을 내려왔다.

얼마를 걸으니 동리산에서 흘러나온 계류를 건너는 다리역할을 하는 전각이 눈앞에 모습을 드러낸다. 새벽에 택시를 타고 계곡을 오르면서 지나쳤던 전각이다. '능파각凌波閣'이란 현판이 걸려 있는데 계곡 양쪽에 있는 자연암반을 이용하여 낮게 석축을 쌓고 그 위에 큰 통나무 두 개를 잇대어 걸친 뒤 세운 정면 한 칸 측면 세 칸의 맞배지붕 집이다. 이 능파각은 조선 영조13년인 1737년에 건립되었다고 한다.

계곡을 건너는 다리는 보통 고성 건봉사의 능파교나, 해남 대흥사의 심진교처럼 무지개 모양의 아치형 다리인 홍예교 형태로 만든다. 이곳 능파각처럼 누교형식으로 다리를 조성한 것은 드문 경우이다. 다녀 본 사찰 중 순천 송광사의 삼청교와 의성 고운사의 가운루가 이 경우에 해당한다.

능파각의 아름다운 모습을 뒤로하고 비포장도로를 걷다가 해탈교를 지난다. 불교에서 해탈은 어리석음이 없는 상태를 나타내는 열반이나 깨달음과 같은 뜻이다. 이 다리를 지나며 깨달음을 얻고 모든 번뇌 망상을 버린다.

다시 풍광을 즐기면서 '태안사숲길'을 걸었다. 반야교를 건너는데 다

능파각

리 난간 위에 조각해 놓은 동물상들에 눈길이 간다. 아마도 12지신상을 양쪽 난간에 6개씩 만들어 놓은 것 같다. 반야般若는 산스크리트어를 음에 따라 번역한 말로, 뜻에 따라 번역하여 지혜라고도 한다. 이 다리를 지나며 깨달음을 얻는 거다.

반야교를 건너 비포장도로 옆에 따로 조성된 '태안사숲길'을 따라 내려오니 '동리산문'이라는 큰 문이 서 있다. 정심교를 지나 조금을 더 숲길을 내려오니 삼거리의 버스정류장이다.

오고 싶었던 태안사를 다녀간 기쁨을 간직한 채 삼거리에서 30여 분을 기다렸다. 9시 5분에 곡성역으로 가는 버스를 타고 50여 분간 활짝 핀 배롱나무를 원 없이 감상하면서 시골길과 섬진강변을 달렸다. 좋은 곳을 다녀간다는 생각과 함께 이런 아름다운 곳을 오고 가는 버스기사님은 행복하겠다는 생각을 잠시 했다.

39

도인들이 모여든
곡성 도림사

도림사 전경

하동의 칠불사를 빠져나온 '좋은만남' 일행은 강변의 아름다운 풍치를 즐기며 섬진강을 따라 구례쪽으로 향했다. 30여 분 차로 달려 도착한 곳은 구례구역 앞의 매운탕집이다. 섬진강의 대표음식인 털게매운탕과 함께 은어튀김요리를 맛있게 먹었다.

식사 후 이곳에서 멀지 않은 곡성의 도림사를 다녀오기로 하고 곡성으로 향했다. 섬진강을 따라 길을 달려서 곡성읍내에 있는 해발 737미터 동악산의 동악계곡으로 들어갔다.

일주문에 걸려 있는 독특한 글씨체의 '동악산 도림사動樂山 道林寺'란 현판이 일행을 맞이한다. 기둥 네 개를 세우고 그 위에 지붕을 얹는 일반적인 가옥과 달리 두 기둥 위에 지붕을 얹는 독특한 구조인 일주문은 일심一心을 상징하는 구조다. 신성한 절에 들어가기 전에 일심으로 세속의 모든 번뇌를 씻고 한가

1 대루 2 오도문

지 마음만 갖고 부처님을 향하여 간다는 것이다.

도림사道林寺는 신라 태종 무열왕 7년인 660년에 원효대사가 사불산 화엄사로부터 옮겨지었다고 전해진다. 그 당시 온 산의 풍경이 음률에 동요되어 아름다운 음악소리가 진동하였다 하여 동악산動樂山이라 이름 지었다고 한다.

이후 헌강왕 2년인 876년 도선국사가 중창하였다. 이때 도선국사 등

도인들이 숲을 이루듯 모여들었다고 하여 도림사道林寺라 하였다. 그 후 고려 때에 지환대사知還大師가 중창을 했으며, 조선 태조의 계비인 신덕왕후가 이 절을 후원하였기에 이름을 신덕사로 부른 적도 있었다. 현재 대한불교조계종 제19교구 본사인 화엄사의 말사이다.

도림사가 있는 동악산은 아름다운 계곡을 따라 노송과 폭포가 있고, 반석 위로는 맑은 물이 흘러 예로부터 많은 이들이 즐겨 찾는 곳이란다. 200여 미터의 넓은 반석이 이어지는 일명 도림사계곡을 따라 절로 향하고 있는데 별안간 장대비가 쏟아진다.

장대비가 쏟아지는 가운데 우산을 쓰고 절로 향했다. 눈앞에 대루大樓란 편액이 걸려 있는 거대한 누각이 서 있다. 절의 대문 역할을 하는 누각인데 여느 절처럼 누각 밑으로 누하진입을 할 수 없고 누각 옆의 계단으로 올라가게 되어있다.

계단 위에 '도림사道林寺'란 편액이 걸려 있는 조그마한 문이 서 있다. 편액의 글씨는 의재 허백련毅齋 許百鍊선생이 썼다고 한다. 이 문을 오도문悟道門이라고 한다. 이 문을 통해 절 바깥으로 나가면 가파른 계단이고 그 계단 앞은 청류동계곡이라 불리는 도림사계곡이다.

오도문을 통해 절 안으로 들어가니 1500년 고찰의 아담한 절이 눈에 들어온다. 크지 않은 절 경내에 전각들이 오밀조밀하게 배치되어 있다.

절마당 중앙의 돌로 쌓 축대 위에 중심전각인 보광전이 우뚝 서 있다. 남원 실상사 보광전처럼 여느 절의 대웅전이나 극락보전과 같은 곳이다. 정면 세 칸 측면 두 칸인 맞배지붕집이다.

보광전 법당삼존불

　보광전은 약사유리광여래를 모신 법당이다. 약사여래는 동방유리
광세계의 교주이며 일광변조보살과 월광변조보살이 협시하고 있다.
법당 안으로 들어가니 약사유리광여래가 주불로 모셔져 있고 그 좌우
에 협시보살이 모셔져 있다.

　참배를 마치고 나오니 절마당 계단 옆에 연리지連理枝가 있다. 사랑
나무로도 불리는데 맞닿은 두 나무의 세포가 서로 합쳐져 하나가 된 것
으로 남녀 간의 변함없는 사랑의 상징이 되어 있는 나무다.

　마당 오른쪽의 응진당으로 향했다. 전각 안으로 들어가니 불가의 불
제자 가운데 부처의 경지에 오른 16명의 뛰어난 제자인 16나한이 모셔
져 있다. 이들은 무량의 공덕과 신통력을 지니고 있어 열반에 들지 않
고 세속에 거주하면서 불법을 수호하는 존자이다. 참배를 마치고 나와
그 위의 칠성각으로 올라갔다. 여느 절의 삼성각처럼 칠성, 독성, 산신
을 모시고 있다. 보광전 왼쪽에 있는 명부전으로 향했다. 지장보살과

바위에 음각된 대은병

시왕十王을 모서 놓은 곳인 명부전 안으로 들어가니 지장보살을 중심으로 좌우로 도명존자와 무득귀왕을 봉안하고 그 좌우로 시왕이 배치되어 있다.

인간은 죽으면 명부로 가게 되는데 도중에 시왕十王을 만나 생전의 죄업을 심판받게 된다. 시왕은 심판관이자 각각의 지옥을 관장하는 독립된 군왕이다. 시왕 중 5번째 왕이 염라대왕이다. 극락행과 지옥행을 판가름하는 심판관의 심판기준은 무엇일까? '이승에서 사는 동안 즐거웠냐? 남을 위해 즐겁게 했냐?' 이란다. 그러니 이승에서 살면서 어떻게 해야 하나? 정답은 모두 주어진 삶을 축제처럼 즐기는 것이다.

이렇게 참배를 마치고 범종각으로 향했다. 범종은 불교예불 때 사용하는 범종, 법고, 운판, 목어 등의 사물四物중 가장 대표적인 법구이다. 범梵이란 우주만물이며 진리란 뜻으로 불국토의 원음을 연주해 내는 것이 범종이다. 범종소리를 듣는 순간 모든 번뇌가 사라지고 지옥 중생까지도 악도에서 벗어날 수 있는 지혜가 생긴다는 의미를 지니고 있다.

새벽예불에는 28번의 타종을 하고, 저녁예불에는 33번의 타종을 한다.

범종각 기둥에 타종의 공덕이라는 제목의 글이 눈에 들어온다.

문종성번뇌단聞鐘聲煩惱斷 이 종소리 듣고 번뇌를 끊으소서

지혜장보리생知慧長菩堤生 지혜가 자라 보리심을 발하소서

이지옥출삼계離地獄出三界 지옥고를 여의고 삼계를 뛰쳐나와

원성불도중생願成佛度衆生 원컨대 성불하여 중생구제 하소서

이렇게 일행은 아담한 도림사 순례를 마치고 대루 옆의 도림사 찻집에서 아이스크림으로 더위를 식히고 주변의 풍광을 즐기며 도림사에 얽힌 이야기를 주고받았다.

찻집 옆의 바위에 대은병大隱屛이란 글씨가 음각되어 있다. 이곳이 진정한 은사가 은둔하던 곳이란다. 대은大隱이란 소은小隱의 상대적인 말로서 진정한 은사를 의미한다. 이 말은 진나라 왕강거의 '반초은시'에 나온다. 몸은 조시朝市에 있어도 뜻은 멀리 산림에 두는 사람이 바로 진정한 은사라는 뜻을 표현하고 있다. 이 계곡이 많은 도인이 은거했던 곳임을 상징적으로 보여주는 듯했다.

40

제일선종사찰
영암 도갑사

국보 도갑사 해탈문

다녀오고 싶었던 전남 영암靈巖지역의 사찰을 순례하기로 하고, 비가 주룩주룩 내리는 새벽에 천안아산역으로 차를 몰았다. 아침 KTX기차에 승차해 나주역에 도착하니 8시경이다. 영산포 버스터미널로 이동해 버스를 타고 30여 분만에 영암터미널에 도착했다.

9시 30분에 출발하는 군내버스를 타고 도갑사 입구까지 가면서 펼쳐지는 벚나무길이 월출산의 모습과 잘 어울린다. 버스기사는 봄에 벚꽃이 피면 아름다우니 그때 다시 오라고 권한다.

도갑사 입구에서 조금을 걸으니 '월출산 도갑사月出山 道岬寺' 현판이 걸려 있는 일주문이 서 있다. 일주문 기둥의 글귀가 눈에 들어온다.

역천겁이불고歷千劫而不古 수많은 세월이 흘러도 옛날이 아니고
긍만세이장금亘萬歲而長今 만세에 길이 걸쳐 있다 해도 지금일 뿐이다

도갑사는 신라 말 도선국사가 창건한 절이다. 원래 문수사가 있던 곳으로 도선국사가 어린 시절을 보낸 곳이기도 하다. 도선에 얽힌 전설이 있다. 도선의 어머니 최씨는 빨래를 하다가 물에 떠내려오는 참

외를 먹고 도선을 잉태하여 낳게 되자 숲속에 버렸다. 그런데 비둘기들이 날아들어 버린 아이를 날개로 감싸고 먹이를 물어다 먹여 길렀다. 이에 최씨는 아이를 문수사 주지에게 맡겨 기르도록 하였다. 장성한 도선은 중국을 다녀와서 문수사 터에 절을 창건하였다.

조선 세조 2년인 1456년에는 수미왕사가 대대적으로 중창하였다. 당시 건물 규모가 966칸에 달하는 대가람을 이루어 수행승려가 780명에 이르기도 했단다. 그 후 정유재란으로 많은 문화재가 소실되기도 했으며 복원과 소실을 반복하면서 오늘에 이르고 있다. 현재 대한불교 조계종 제22교구의 본사인 대흥사의 말사이다.

일주문을 지나 계곡을 따라 만들어진 길을 조금 더 걸어 계단길을 오르니 두 번째 문인 해탈문이 서 있다. 보고 싶었던 국보 제50호로 지정된 전각이다. 도선국사에 의해 창건될 당시에 만들어지고 조선 성종 4년인 1473년에 다시 중건되었다. 해탈문을 지나면 속세의 번뇌에서 벗어나 근심 없는 부처님의 몸 안에 들어간다는 의미를 지니고 있다.

통로 좌우에 금강역사와 함께 문수동자와 보현동자상이 봉안되어

해탈문 보현동자상

1 광제루 2 대웅전

있다. 보물 제1134호인 보현동자와 문수동자상은 각각 사자와 코끼리 등에 타고 있는 모습이다. 나무로 만들어졌으며 동자상의 모습이 매우 화려하며 천진난만한 모습을 하고 있다.

해탈문을 통과해 안으로 들어가니 '광제루'란 현판이 걸린 커다란 누각이 서 있다. 누각 밑으로 누하진입을 하는데 '여행 어디까지 가 봤니?'라는 제목으로 시인 괴테가 남긴 글이 쓰여 있다.

호남·제주지역 순례

대웅보전 석가모니삼존불

'여행을 하는 것은
도착하기 위해서가 아니라,
여행하기 위해서다'

그렇다. 사찰을 순례하는 것도 오기 위해서가 아니라 이곳을 즐기기
위해서인 거다.

광제루 밑을 누하진입하여 절마당으로 올라가니 월출산의 능선과
잘 어우러지는 절마당이 모습을 드러낸다. 마당에 중심전각인 대웅보
전이 우뚝 서 있고 전각 앞에 보물 제1433호로 지정된 5층석탑이 있다.
부처님의 사리를 봉안하는 곳으로 불교의 상징적인 예배대상인 이 탑
의 조성시기는 고려시대로 추정한단다.

대웅보전은 원래 1776년에 지어진 조선시대의 건축물이었다. 1977년
참배객 부주의로 소실된 것을 1981년 원형에 따라 정면 세 칸 측면 세

칸인 팔작지붕 건물로 복원하였다가 2009년에 다시 웅장한 지금의 모습으로 복원되었다. 대웅보전으로 올라가니 기둥의 주련이 눈길을 끈다.

불섭난명수마능佛葉難鳴樹摩能 부처님, 가섭, 아난, 마명, 용수, 달마, 혜능 조사님
들이시여

위광변조시방중威光徧照十方中 부처님의 위광이 시방세계에 가득하고

월인천강일체동月印千江一體同 천 갈래 강에 비친 달은 천 개로 보여도 근본은 하나

사지원명제성사四智圓明諸聖士 사지에 통달한 모든 성스러운 분들

분임법회이군생賁臨法會利群生 법회에 오셔서 중생을 이롭게 하네

화아방반법열주華阿方般法涅呪 그것은 바로 화엄경, 아함경, 방등경, 반야경, 법화
경, 열반경의 주문일세

법당에는 석가모니불을 주불로 그 좌우에 약사여래불과 아미타불이 모셔져 있다. 스님과 함께하는 사시예불에 동참을 하고 법당을 나와 붉은색 백일홍 나무가 도열한 길을 따라 천불전으로 향했다.

조심해서 들어가라는 의미의 '조고각하照顧却下'란 글귀가 법당 문턱에 붙어 있다. 천불전에는 삼존불과 천불상이 모셔져 있다. 이곳의 불상은 은행나무로 만들어졌다고 한다. 참배를 마치고 나와 주련을 보니 화성 신흥사에서 탑돌이를 끝내면서 외우던 낯익은 글귀이다.

천불전을 내려와 오른쪽 명부전 참배를 하고 산신각을 거쳐 '도갑탐방로입구'로 발걸음을 옮기니 용수폭포가 있다. 미륵전을 끼고 돌아 흐르는 계곡에 있는 아담하고 조그만 폭포이다. 계곡의 돌다리를 건너

왼쪽계단을 올라 용화문을 통과해 미륵전으로 들어갔다.

법당에서는 스님이 사시예불 중이다. 스님의 예불소리와 주변계곡의 물소리가 잘 어우러진다. 법당 안으로 들어가니 중앙에 석조여래좌상이 모셔져 있다. 몸체와 광배가 하나의 돌로 조각되어 있어서 마치 바위에 불상을 새긴 마애불과 같은 기법이다. 이 석조여래좌상은 고려시대에 조성된 것으로 보물 제89호로 지정되어 있다.

미륵전 참배를 마치고 계단길을 내려와 왼쪽의 탐방로를 따라 조금을 올라가니 부도군 옆에 도선국사비각이 있다. 조선 효종 4년인 1653년에 건립된 것으로 건립에 18년의 세월이 걸렸다는 보물 제1395호로 지정된 거대한 석비가 있다. 이 석비는 독특하게도 도선·수미비로 도선국사와 수미선사를 추모하는 내용을 동시에 담고 있는 독특한 형태이다. 탐방로를 되돌아 내려오면서 이런 아름다운 탐방로를 통해 산정상까지 걸어갈 수 있다면 좋겠다는 생각을 했다.

미륵전의 석조여래좌상

도선국사비각

　　다시 절마당으로 들어오니 국사전 옆에 유형문화재 제152호인 수미
왕사비각이 있다. 광제루 앞마당에는 크기가 아마도 4∼5미터는 되어
보이는 유형문화재 제150호인 커다란 석조가 놓여 있다.

　　이렇게 도갑사 순례를 기쁘게 마치고 '국중제일선종사찰' 편액이 걸
려 있는 일주문을 빠져 나왔다. 근처의 승차장에서 버스를 기다리려다
택시를 불러 영암의 터미널로 향했다.

41

국보 극락보전의
강진 무위사

국보 극락보전

월출산 도갑사를 빠져 나와 택시를 불러 타고 영암터미널로 향하던 중 택시기사에게 강진康津의 무위사까지 갈 수 있는지를 물으니 갈 수 있단다. 월출산의 아름다운 모습을 눈에 담고 감상하면서 월출산 남쪽의 천년고찰 무위사에 도착했다. 가람의 첫인상이 아늑하고 아담한 절의 분위기가 느껴진다.

　　무위사는 신라 진평왕 39년인 617년에 원효가 창건한 절로 당시 절 이름은 관음사였다. 신라 헌강왕 원년인 875년에 도선국사가 중창하면서 절 이름이 길옥사로 바뀌었고, 그 후 고려 초 정종 원년인 946년에 선각대사 형미先覺大師 逈微스님이 중창하면서 다시 모옥사로 이름이 바뀌었다. 태조와 가까운 사이였던 선각대사가 이 절에 머물면서 절의 규모와 영향력이 커졌으며 선종사찰로 유명했다고 한다. 조선 명종 5년인 1550년 태감이 중창하고 무위사라 절 이름을 바꿨다. 임진왜란과 병자호란 때 화를 면한 곳이기도 하다.

　　눈앞의 일주문 상단에 '월출산 무위사月出山 無爲寺'라고 가로로 쓴 현

보제루

판이 걸려 있다. 이어서 천왕문을 지나니 보제루란 현판이 걸려 있는 2층 누각이 서 있다. 누각을 누하진입하여 너른 절마당으로 들어가니 정면에 중심전각인 극락보전이 눈에 들어온다.

조선시대에는 무위사가 죽은 영혼을 달래주는 수륙재를 행하는 사찰로 유명했다고 한다. 그래서 중심건물은 여느 절처럼 대웅전이 아니라 서방정토 극락세계를 관장하는 아미타여래를 모신 극락보전이다. 이 전각은 보기에 소박한 듯 단아한 모습의 오래된 전각이며 무위사의 대표건물로 현재 국보 제13호로 지정된 건물이다. 조선시대의 건축물 중 가장 오랜 건축물로 맞배지붕과 주심포양식의 외부모습을 하고 있다.

법당 안으로 들어가 설레는 마음을 진정시키며 공양물을 법단에 놓고 참배를 하고 나니 법당보살이 안내를 한다. 이곳에 모셔진 아미타여래삼존좌상은 서방정토극락세계를 관장하는 아미타여래상을 중심으로 그 좌우에 관음보살상과 지장보살상이 모셔져 있다. 보물 제1312호로 지정되어 있단다. 아미타여래불은 진흙으로 만든 소조불이고, 관

보물 아미타여래삼존좌상과 국보 아미타여래삼존벽화

음보살과 지장보살은 나무로 만든 목불이다.

삼존불 중 아미타여래불은 안정된 모습의 결가부좌를 하고 있다. 관세음보살은 보관을 쓰고 왼쪽다리를 내리고 있는 반가부좌를 하고 있고, 지장보살은 머리에 두건을 쓰고 오른쪽 다리를 내린 반가부좌의 모습을 하고 있다.

보살의 설명에 의하면 세종대왕때 조선을 건국하는 과정에서 죽은 많은 이들의 영혼을 위로하기 위해서 이곳에 극락보전을 짓고, 법당에는 여느 절의 극락보전과 같이 대세지보살을 모시지 않고 지장보살을 모시게 되었다고 한다.

보살이 아미타여래삼존좌상 뒤의 후불벽화를 보라고 한다. 국보 제313호로 지정된 아미타여래삼존벽화이다. 1476년 혜련선사 등이 그린 벽화로 아미타여래를 중심으로 좌우측에 관음보살과 지장보살이 배치된 모습의 그림이다. 고려불화와 조선초기의 새로운 미술양식이 결합되어 완성된 수준 높은 걸작이란다.

국보를 친견한다는 감격을 하고 있는데, 법당보살이 법당 뒤로 나를 안내한다. 아미타여래삼존벽화가 그려진 벽의 뒷면에 또 하나의 벽화인 보물 제1314호로 지정된 백의관음도가 그려져 있다.

벽화에는 관음보살이 왼손에는 정병, 오른손에는 버들가지를 들고 흰 옷자락을 휘날리며 서서 오른쪽 하단에 있는 노비구승을 바라보고 있다. 흥분된 마음으로 백의관음도를 친견하니 지난겨울 사찰 순례 중 고창 선운사 대웅보전에서 수월관음도를 만났던 감격이 다시 떠오른다.

보살은 밋밋한 벽을 가리키며 극락보전에는 총 31점의 벽화가 있었는데 아미타여래삼존벽화와 백의관음도를 제외한 나머지 내부사면벽화의 작품은 성보박물관으로 옮겨져 있다고 한다. 단지 아미타내영도와 설법도만 모사도를 제작하여 법당 좌우 벽에 봉안하고 있다고 자세히 설명해 준다. 이들 내부사면벽화는 18~19세기에 그려진 작품으로 보물 제1315호로 지정되어 있다.

이 벽화들에 얽힌 전설이 있다. 극락전이 완성되고 나서 한 노인이 나타나 49일 동안 법당 안을 들여다보지 말라고 당부한 후 법당에 들어갔다고 한다. 49일째 되는 날 주지스님이 약속을 어기고 문에 구멍을 뚫고 몰래 법당 안을 들여다보자, 마지막 그림인 관음보살의 눈동자를 그리고 있던 한 마리의 파랑새가 입에 붓을 물고는 어디론가 날아가 버렸다고 한다. 그래서인지 지금도 그림 속 관음보살에는 눈동자가 없단다. 당장 성보박물관으로 가서 보고자 했으나 문이 잠겨 있어 아쉬웠다.

친절한 보살의 설명에 감사의 말을 전하고 법당을 나와 최근에 조성한 명부전으로 향했다. 지장보살과 시왕을 모셔 놓고 있는 법당에 참배

1 보물 백의관음도벽화
2 선각대사탑비

하고 나와 그 옆의 샘물터에서 물 한 바가지를 떠먹으며 갈증을 해소했다.

미륵전으로 발길을 옮겨 법당 안으로 들어가니 석상이 모셔져 있다. 참배를 마치고 나와 그 옆의 조그마한 전각으로 이동했다. 이곳에는 삼성각이 아닌 '월출산 산신각'이란 편액이 걸려 있는. 산신각 참배를 하고 나한전으로 발걸음을 옮겼다. 법당 안으로 들어가니 삼존불과 함께 16나한이 모셔져 있다.

절마당에는 보물 제507호로 지정된 선각대사탑비가 있다. 통일신라말부터 고려 초에 걸쳐 8년간 무위사 주지로 절의 중창을 주도한 선각대사 형미스님의 공덕을 기리기 위해 세운 탑비이다.

소중한 국보가 있는 월출산 무위사의 순례를 기쁘게 마무리하고 절을 빠져 나왔다.

호남·제주지역 순례

42

국보 철조비로자나불의
장흥 보림사

보림사 일주문

무위사에서 나와 택시를 타고 강진의 성전터미널에 도착을 했다. 버스를 타고 장흥長興 보림사를 순례하기 위해서다. 근처 식당에서 이곳의 명물인 육회비빔밥을 맛있게 먹은 후 버스를 타고 30여 분을 달려 장흥 쪽으로 향했다. 남도 들녘을 감상하는 즐거움을 만끽하며 장흥에 도착해 보림사행 버스를 타고자 하니 1시간 30분여를 기다려야 한단다. 남은 시간을 장흥읍내를 걸으며 눈으로 즐긴 후 버스에 올라 50여 분을 시골마을 이곳저곳을 구경하며 달렸다. 처음으로 시골버스에 몸을 싣고 달리는 여행기분은 예전에 느껴보지 못한 감흥을 가져다주었다.

버스 안에서 운전기사는 되돌아가는 교통편을 걱정하는 나를 위해 여기저기 전화하고 확인하더니 6시 20분경 보림사 주차장에 버스가 들어오니 그 버스를 타고 장흥으로 가란다. 교통편에 대한 걱정을 뒤로 한 채 큰길가 옆의 보림사 주차장에 도착했다.

보림사는 장흥댐의 본류인 탐진강 상류의 가지산 남쪽 기슭 평지에 자리 잡은 사찰이다. 신라 말 구산선문 중의 하나로 보조국사普照國師 체징體澄이 남원의 실상사에 이어 개산하였다.

보림사에는 용과 관련된 창건설화가 전해지고 있다. 보조선사가 가지산에 도착해 땅을 보니 절을 세우기 좋은 터가 있는데, 그 터에 있는 연못에 용이 살아 절을 지을 수가 없었다.

마침 그때 인근 마을에 눈병이 돌고 있었다. 보조선사는 연못에 흙과 돌을 던지면 눈병이 낫는다는 소문을 퍼뜨려 사람들이 흙과 돌을 연못에 던지게 했다. 그곳에 살던 용은 할 수 없이 연못을 떠나고 그 자리에 지금의 보림사를 짓게 했다는 전설이다. 그래서인지 넓은 평지에 보림사의 전각들이 배치되어 있다.

일주문에 '가지산 보림사迦智山 寶林寺'란 세로로 쓴 현판이 걸려 있는. 일주문으로 들어가니 지붕에 '선종대가람禪宗大伽藍' 편액과 함께 '외호문外護門'이란 편액이 붙어 있다. 부처님의 교리를 중시하는 교종과 달리, 참선으로 자신의 본성을 구명해서 성불함을 목표로 하는 종파인 선종은 중국 양나라 때 달마가 중국에 전하여 성립되었다. 우리나라에는 신라중엽에 전해져 고려 초반까지 불교가 흥하면서 참선 수행을 중시하는 스님들이 선종을 퍼뜨려 전국에 아홉 개의 집단을 만들어 구산선문九山禪門이 성립되었다. 그 구산선문의 하나가 이곳 보림사이다.

일주문을 지나니 사천문 전각이 서 있다. 사천왕상을 모신 전각을 천왕문 또는 사천왕문이라고 하는데 이곳에는 사천문四天門이란 편액이 걸려 있다. 이곳 보림사의 사천왕상은 보물 제1254호로 지정되어 있다. 의자에 앉아 있는 모습으로 여러 개의 나무를 잇대어 상을 만들고 부분적으로 표면에 천을 붙이고 회칠을 한 뒤 채색을 하였다고 한다.

이들 사천왕상은 중종 10년인 1515년에 만들어진 것으로 현존하는

1 사천왕상 2 국보 삼층석탑, 석등

목조사천왕 중에 가장 오래되었다고 한다.

동방의 지국천왕상은 분노한 표정으로 칼의 손잡이와 칼끝을 보고 있다. 서방의 광목천왕상은 근엄한 표정을 하고 양손에 칼과 창을 갖고 있다. 남방의 증장천왕상은 미소를 띠고 비파를 들고 있다. 북방의 다문천왕상은 부릅뜬 눈에 입을 벌리고 오른손에 깃발을 들고 있다.

사천문을 통과하니 바로 넓은 평지의 절마당이다. 정면에 대적광전이 있고 마당 오른쪽에 대웅보전이 장엄하게 서 있다.

대적광전 앞의 남·북 삼층석탑과 석등으로 발걸음을 옮겼다. 이 탑과 석등은 신라 경문왕 10년인 870년에 조성된 통일신라시대의 전형적인 양식을 보여주는 것으로 가치가 인정되어 국보 제44호로 지정되어 있다.

부처님의 진신사리를 봉안한 것으로 불교의 예배대상인 이곳의 탑은 2단의 기단 위에 3층의 탑신과 그 위에 머리장식을 한 모습으로 남탑의 높이는 5.4미터이고 북탑의 높이는 5.9미터이다.

남탑과 북탑 사이의 석등은 부처님의 빛이 사방을 비춘다는 상징적 의미를 지닌 석물로 지대석을 제외한 기단, 몸체돌, 지붕돌 모두 8각으

호남·제주지역 순례

로 이루어져 있다. 전체높이 3.12미터의 석등은 모습이 완전체이며 각 부의 비례가 알맞아 조화로움이 빼어나다.

축대 위에 웅장하게 서 있는 대적광전으로 향했다. 전각 안으로 들어가니 국보 제117호 철조비로자나불좌상이 모셔져 있다. 비로자나불은 태양의 빛이 만물을 비추듯 우주의 삼라만상을 비추며 일체를 포괄하는 부처님이다. 부처가 설법한 진리가 태양의 빛처럼 우주에 가득 비춰지는 것을 형상화한 불상이다. 통일신라시대부터 고려시대에 걸쳐 철조불상이 유행했다고 하는데 이곳의 불상은 신라시대 하대인 9세기 후반에 제작된 철조불상의 대표작이라고 한다.

불상 왼팔에 신라 헌인왕 2년인 858년 무주장사지금의 광주와 장흥의 부관이었던 김수종의 시주로 불상제작이 되었다는 글이 새겨져 있다고 한다. 이 철조불상은 정확히 조성연대를 알 수 있어 그 가치가 높다. 올봄에 남원 실상사 약사전에 모셔져 있는 보물로 지정된 '철조아미타여래불 좌상'에 이어 완전한 모습의 국보로 지정된 귀한 철조불상을 친견하는 기쁨에 가슴이 뭉클하다.

참배를 마치고 마당 북쪽에 있는 대웅보전으로 향했다. 대웅보전도 최근에 복원한 웅장한 전각이다. 법당 안으로 들어가니 규모에 걸맞게 7불상이 모셔져 있다. 여느 절의 대웅전처럼 중앙에 석가모니불을 모셔 놓고 그 좌우에 6분의 부처님과 보살님을 모셔 놓고 있다. 우측부터 지장보살님, 연등부처님, 보현보살님, 석가모니부처님, 문수보살님, 미륵부처님, 관세음보살님 순이다.

1 대적광전내 국보 철조비로자나불좌상
2 대웅보전내 7불상

　참배를 마치고 나와 미타전으로 발걸음을 했는데 아쉽게도 문이 잠겨 있다. 이어서 조사전을 거쳐 명부전과 삼성각을 참배했다.

　절마당으로 내려와 범종각을 둘러보고 그 앞의 '보림약수'란 비석이 서 있는 수각으로 발걸음을 옮겼다. 가지산 비자나무숲과 야생차밭 기운을 머금은 보림약수는 물맛이 아주 맑고 담백한 천연약수란다. 차가 지닌 고유한 차향과 맛을 그대로 드러내 주는 찻물로도 좋다는 비석이 서

호남·제주지역 순례

있다. 1980년 한국자연보호협의회에서 한국명수로 지정하고 '보림약수' 비석을 세웠다고 한다. 귀한 약수를 서너 잔 마시며 심신을 추슬렀다.

마당을 빠져나오는데 해우소 벽에 '웃음의 미학'이라는 제목의 좋은 글귀가 붙어 있다.

'마음의 독을 없애는 유일한 길은 웃음이다.
웃음은 주변 사람의 기분마저 바꿔놓는다.
내가 웃으면 세상의 에너지가 나에게 흘러들어온다.
…
화가 나더라도 크게 한번 웃는 여유가 필요하다.
억지로라도 하하하 웃는다.
세상에 부러운 것 없는 가장 행복한 사람이
바로 자신임을 알 것이다.'

1 보림약수 2 보조선사탑

좋은 글을 곱씹으며 보조선사탑으로 향했다. 스님들의 사리를 모신 일종의 무덤이 승탑이다. 신라 보조선사의 승탑은 신라 헌강왕 10년인 884년에 건립되었다.

절 뒤쪽을 바라보니

비자나무 숲이다. 다가가 보니 장흥의 대표적인 자생차서식지이다. 이곳에 '청태전 티로드'란 탐방로가 조성되어 있다. 청태전은 우리나라 고유의 전통차로 삼국시대부터 근세까지 장흥과 남해안 지방에 존재했던 전통차란다.

탐방로를 따라 산속으로 들어가니 온통 비자나무숲이다. 70년부터 400년 이상 된 비자나무와 녹차가 자생하고 있는 곳이란다. 숲에서 뿜어져 나오는 피톤치드향이 질병·정신안정·피로를 푸는 데 좋다고 해 비자나무 산속 벤치에 앉아 그 향을 만끽하는 호사도 누리고 내려왔다.

아담한 절의 고즈넉한 황혼 모습을 즐기다가 6시 20분 버스로 장흥에 도착해 나주행 버스를 타고 영산포터미널에 도착을 하니 8시 10분이다. 바로 택시를 타고 나주역으로 향했다. 8시 20분에 도착해 나주역에서 8시 27분 출발하는 KTX를 타고 천안아산역에 도착하니 10시 20분이다. 주차장에서 차를 타고 집에 도착하니 11시 30분이 되었다.

성공적으로 언젠가 다녀오고 싶었던 땅끝마을 주변의 3사찰 순례를 하루에 마치고 왔음에 기쁨을 감출 수가 없다.

호남·제주지역 순례

43

제주불교중흥지
제주 관음사

금동미륵대불

제주에 강연을 가면서 한나절 시간을 내어 한라산 동북쪽 제주시濟州市에 있는 대한불교조계종 제23교구의 본사인 관음사觀音寺를 순례하고자 했다. 제주지역을 대표하는 기도 수행도량으로 한라산 등산을 하게 되는 경우 해발 650미터에 위치한 이곳을 통해서 한라산 정상인 백록담에 오를 수도 있고, 반대로 내려올 수도 있어 낯설지 않은 곳이다. 이른 아침 8시 30분 제주공항에서 버스를 타고 제주대 앞에서 환승하여 1시간여 만에 절 입구에 도착했다.

4개의 기둥 위에 지붕을 얹은 거대한 일주문을 들어서는데 '한라산 관음사漢拏山 觀音寺'현판이 걸려 있다. 여느 절과 달리 일주문의 지붕 색깔이 누런색이다. 일주문부터 절 경내로 올라가는 길 양쪽에 현무암으로 만들어진 수많은 불상이 일렬로 서 있고 그 뒤로는 삼나무길이 조성되어 있어 경건함을 더해 준다. 그런데 조성된 부처님의 머리에 돌로 만든 갓이 얹혀 있다. 특이한 모습들이 궁금해 절의 보살에게 물어보았다. "건물들의 지붕 색깔이 누런색인 것은 주변이 칙칙하니 기와를 굽는 과정에서 유약을 밝은색으로 해서 그렇고, 부처님이 야외에 모셔져

경내로 진입하는 곳의 불상들

있어 돌로 된 갓을 얹은 거예요" 한다.

제주 관음사는 구전에 의하면 고려 문종 때에 만들어졌다. 그 후 번창하다가 조선 숙종 때 폐사가 되었다. 그러다가 1901년 안봉려관安蓬廬觀 신녀가 비양도로 가던 중 바다에서 풍랑을 만나 죽을 지경이 되었는데 관음보살의 신력으로 살아나게 되었다고 한다. 이에 신녀는 감응하여 비구니가 되어 1912년에 절을 창건하였고 그 당시의 이름은 법정암이었다. 그 뒤 신도가 늘어나자 관음사로 이름을 바꾸었다.

일주문을 지나 천왕문에 이르자 문 양쪽에 사천왕상이 조각이 아닌 그림 형태로 모셔져 있다. 큰 깨달음을 얻어 부처님의 지위에 이르게 되면 동서남북 하늘을 주재하는 천신들도 부처님을 공경하면서 부처님 법을 배운다. 모든 부처님을 사천왕이 옹호하므로 '누구든지 부처님께 경배하려면 천왕이 지키는 관문을 통과해야 한다'는 뜻에서 사천왕문을 세운다. 현재 이곳의 천왕문은 4.3사태 때 소실된 것을 1973년 다시 세운 것이다.

절마당으로 올라가는데 오른편에 스님이 불법을 일으킨 역사의 현장인 '해월굴'이란 작은 토굴이 있다. 창건주 안봉려관 스님이 관세음보살님의 선몽에 의하여 1908년 창건 당시부터 3년간 기도 정진한 곳이라고 한다. 안으로 들어가니 조그마한 토굴에 많은 이들의 염원이 담긴 촛불이 가득하다.

조금을 더 올라 절마당 입구에 서 있는 거대한 은행나무가 관음사의 역사를 대변해 주고 있다. 그 옆 건물입구에 '촛불하나'라는 제목의 글에 눈길이 멈춘다.

'환하고 밝게 하려거든
둥근 마음 가지라 합니다

둥근 마음 가지려거든

대웅전 삼존불상

환하고 밝게 살아라 합니다

환하고 둥근 빛
믿음과 희망의 빛
관음사가 밝혀드리고 있습니다'

글을 읽으면서 내 마음이 편안해진다. 그런 마음을 갖고 절마당의 대
웅전으로 향했다. 법당에 석가모니 삼존불이 모셔져 있고 그 옆에 따로
목조관음보살좌상이 모셔져 있다. 이 불상은 1698년에 조성되었으며 전
남 해남의 대흥사에 모셔져 있다가 1925년 이곳으로 모셔 왔다고 한다.

대웅전을 참배를 마치고 나와 오른쪽에 있는 지장전으로 향했다. 법
당으로 들어가니 서방정토 극락세계의 주인이신 아미타여래불을 주불
로 그 좌우에 관세음보살과 지장보살이 모셔져 있다.

대웅전 왼쪽으로 올라가니 삼성각이 있다. 전각 지붕 밑에 좌측부터
산신각 칠성각 독성각 편액이 붙어 있다. 안으로 들어가니 산신, 칠성,
독성을 함께 모시고 있다. 삼성신앙은 불교가 한국사회에 토착화하면
서 고유의 토속신앙을 흡수하여 생긴 신앙형태이다. 그림이 아닌 돌로
만든 호랑이를 타고 있는 산신이 특이하다.

산자락으로 발걸음을 옮기니 장엄한 금동미륵대불이 조성되어 있다.
2006년에 조성되었다는 이 금동미륵대불 뒤에는 수천 개의 화산석으
로 만든 약사여래불, 미륵불, 관세음보살, 아미타불이 병풍처럼 조성되
어 있다.

금동미륵대불을 참배하고 내려오는데 야외에 따로따로 관세음보살

1 대웅전 목조관음보살좌상   2 방사탑

상, 문수보살상, 보현보살상이 모셔져 있다.

　특이한 모습의 탑이 언덕에 서 있어 다가갔다. 방사탑防邪塔이라고
한다. 제주의 민속신앙과 불교신앙을 조화하여 액난을 소멸하고 행운
을 기원하기 위해 만든 탑이란다. 제주에는 예로부터 자기 가문이나
씨족 또는 마을의 안녕과 행복을 기원하는 방식으로 돌탑을 쌓아 왔다
고 한다. 그리고 탑 꼭대기에는 새나 사람의 모양을 닮은 돌을 세우는

호남·제주지역 순례

일주문옆 석가모니불상 뒤 연못

풍습이 전해 내려오고 있단다.

삼성각 아래에는 제주의 설화인 '설문대 할망'과 관련된 '소원돌'이 있다. 합장 후 두 손으로 '소원돌'을 어루만지고, 그 돌을 들어 올렸다 다시 내려놓은 후에 본인의 인적사항을 말한다. 그리고 다시 한번 돌을 올렸을 때 돌이 들리지 않으면 소원이 이루어진다고 한다. 나와 아내도 돌을 번쩍 들었는데 들리지 않았다. 내심 소원이 이루어지리라는 기대를 하면서 일주문 쪽으로 향했다.

일주문 쪽으로 내려오는데 오른쪽 삼나무길 너머 잔디밭에 커다란 불상과 함께 그 뒤에 연못이 조성되어 있다. 하얀 부처님상의 뒷모습이 연못에 비추어져 잘 어우러진 모습이다. 인도의 하얀 타지마할 묘가 연못에 비추어진 모습이 생각이 난다.

이렇게 관음사 사찰순례를 마무리하고 일주문 앞 버스정류장에서 버스를 타고 제주대 입구에서 환승해 시내로 들어왔다.

제5장

영남지역
순례

44

해수관음성지
남해 보리암

보리암의 아름다운 모습

　봄꽃이 만발한 남도의 사찰순례를 다녀오기로
하고 새벽에 일어나 수원역으로 향했다. 7시 25분
에 수원역에서 기차를 타고 11시 15분에 구례구역
에서 내리니 날씨가 너무 좋다.

　일단 택시를 타고 화엄사를 다녀오고자 했다.
지난겨울에 다녀간 사찰이지만 봄의 사찰 모습을
눈과 마음에 담고 싶어서였다. 일주문 앞에서 내
려 금강문을 통과해 들어가니 오래된 동백나무
에 빨간 꽃이 아름답게 피어 있다. 그 자태를 감상
하고 경내를 둘러본 후 일주문 앞에서 택시를 타
고 구례버스터미널에 도착해 버스를 타고 하동에
서 환승을 해 진교에서 내려 남해행 버스를 탔다.
버스 안에서 "보리암을 가려고 한다"고 하니 승객
들 간에 갑론을박을 하며 여러 의견을 준다. 버스
기사가 걷기를 좋아하면 이 버스가 상주까지 가는

버스이니 보리암 입구에서 내리란다.

보리암 입구에서 내리니 '금산 보리암錦山 菩堤庵'이라고 음각된 거대한 돌기둥이 서 있다. 몇 번 와서인지 낯설지 않다. 일주문의 역할을 하는 거다. 예전엔 이곳부터 주차장까지 승용차로 올라갔는데, 오늘은 1시간여를 작정하고 걸어야 한다.

"마음먹기 나름이다"라고 여기고 등산하듯이 즐기면서 걸어 올라갔다. 2.4킬로미터 지점에 있는 복곡저수지에서 한숨을 돌리고 주변 풍광을 감상한 후 400여 미터를 더 걸으니 제1주차장이다.

차로 올라오면 이곳 주차장에서 올라가는 방법을 선택해야 한다. 보리암까지 걸어서 올라가거나, 마을버스를 타고 가거나, 아니면 기다렸다가 매표소 앞 제2주차장이 여유가 생기면 순서대로 차를 타고 갈 수도 있다. 여러 번 이곳에 왔었던 경험으로는 금산을 이리저리 감상하면서 걸어서 올라가는 맛이 더 있었다.

오늘은 늦은 오후가 되어 마을버스를 타고자 했으나 마을버스 운행 시간이 끝났단다. 옆에 대기 중인 빈 택시를 타고 금산 꼭대기의 보리암 매표소까지 올라갔다. 이곳에서부터 15분 정도 산길을 걸어 오르니 남해도 상주 쪽의 해안이 눈에 들어온다.

보리암菩提庵은 남해도의 기암을 자랑하는 금산의 정상 남쪽 바로 아래 해발 681미터에 있다. 신라 문무왕 3년인 663년에 원효스님이 산에서 빛이 나기에 찾아와 수도하던 중 관세음보살님을 친견한 후 산의 이름을 보광산普光山이라 하고, 암자를 보광사로 하였다고 한다.

1 보리암 입구표지석
2 보리암경내로 들어가는 계단길

그 후 금산錦山의 이름이 붙여진
유래가 재미있다. 고려 말 이성계
가 이곳에 와서 100일 기도를 하면서 꿈속에서 "조선건국을 하게 되면
이곳을 비단으로 덮겠노라" 하고 약속했다고 한다. 조선건국 후 약속
대로 비단을 덮어야 하는데, 현실적으로 산을 비단으로 덮을 수는 없으
니 고민하게 되었다. 이때 무학대사의 조언으로 기존의 산 이름을 '비
단 금錦'으로 바꾸게 되어 지금의 금錦산이 되었단다. 보광사가 보리암
으로 명칭이 바뀐 때도 그때로 추정하고 있다.

이런 사연을 안고 있는 보리암은 오늘날 양양 낙산사, 강화 보문사,
여수 향일암과 함께 4대 해수관음성지로 알려져 있다. '관세음보살이
상주하는 성스러운 곳'이란 뜻으로 관음성지에서 기도 발원을 하게 되
면 그 어느 곳보다 관세음보살님의 가피를 잘 받는다고 널리 알려져
있다. 현재 대한불교조계종 제13교구 본사인 쌍계사의 말사이다.

20여 년 전 보리암에 왔을 때는 날씨가 좋아 금산의 기이한 암석과 푸르른 남해의 아름다운 경치를 한눈에 조망할 수 있었다. 그러나 최근 3년 전과 2년 전 여름에 아내와 왔을 때는 비바람이 몰아치거나 짙은 안개가 끼어 한 치 앞도 보이지 않아 아쉬움을 남겼었다. 오늘은 일기예보를 본 대로 날씨가 너무 좋아 마음껏 즐길 수 있을 것 같다.

돌계단을 100여 미터 내려가 경내에 들어가면 창건 당시의 이름을 지닌 중심법당인 보광전이 있다. 법당 안에는 중앙에 목조관음보살좌상 불감佛龕이 모셔져 있다. 독립적인 관음보살상이 중앙에 있고 선제동자와 용왕이 협시한 불감 형식의 작품이다. 조선 중기인 17세기의 작품으로 향나무로 만들고 금 분칠로 좌고 46센티미터, 슬폭 23센티미터로 조성되어 있으며 경남 유형문화재 제575호로 지정되어 있다.

참배 후 전각 옆 계단으로 내려가니 삼층석탑이 있다. 전설에 따르면 신라 신문왕 3년인 683년에 원효대사가 금산에 절을 세운 것을 기념하기 위하여 수로왕비인 허태후가 인도에서 가져온 파사석으로 탑을 만들었다고 한다. 그러나 이 탑은 화강암으로 만들어졌고 탑의 양식 또한 고려 초기의 것으로 전해지는 이야기와는 사실상 거리가 멀다.

그 옆에는 해수관음보살입상이 바다를 향해서 모셔져 있다. 날씨가 쾌청한 가운데 하얀 모습이 파란 하늘과 어울려 더욱 돋보인다. 경건한 마음으로 참배할 수 있었다. 하늘 바위 바다를 배경으로 인증사진을 만들어 가족 카톡방에 이곳의 아름다움을 전했다.

계단을 올라오는데 좌측으로 1.7킬로미터 거리에 있는 상주로 내려

보광전 목조관음보살좌상 불감

가는 길이 있다. 잠시 가파르게 내려가니 돌을 두드리면 장구소리가
난다는 음성굴과, 장군이 검을 짚고 봉을 향하여 서 있는 형상의 장군암
이 있고, 원효대사가 좌선을 했다는 좌선대 바위가 있어 고승의 숨결을
느낄 수 있다. 다시 산길을 올라와 만불전을 거쳐 극락전으로 향했다.
극락전에는 삼존불이 모셔져 있다.

  경내를 빠져 나와 계단을 오르다가 이정표를 보고 왼쪽 길로 접어들
어 200미터 거리에 있는 금산정상으로 향했다. 나무계단을 오르니 조
릿대길이 나오고 얼마를 더 걸으니 커다란 바위에 '명승 제39호 남해금
산'이 음각 되어있는 바위가 나온다. 그 뒤로 해발 705미터에 망대가 있
어 그곳에 오르면 사방을 조망할 수 있다. 넓고 아름다운 남해가 한눈
에 들어온다. 이곳에서 금산의 38경 중 제1경인 남해의 아름다움을 한
눈에 볼 수 있어 망대라 이름했단다. 이 망대에는 고려시대부터 사용

보리암 해수관음보살입상

되어 온 가장 오래된 최남단의 봉수대가 남아 있다.

 이렇게 좋은 날씨 속에 해수관음기도 도량인 보리암과 금산을 성공적으로 순례하고 감이 매우 기쁘다.

 산길을 내려오면서 올라올 때 타고 왔던 택시기사에게 전화해 매표소 앞에서 만나 다시 남해 버스터미널로 향했다. 7시에 떠나는 버스를 타고 남해를 빠져나가기 위해서였다.

 택시기사와 함께 터미널로 향하며 내가 물었다.

 "이렇게 좋은 곳에서 일하니 좋으시겠네요."

 "네, 그렇습니다."

 "원래 고향이 이쪽이세요?"

 "고향은 부산입니다. 젊은 시절 상주에 놀러 왔다가 풍광에 매료되어

1 극락전 삼존불
2 금산에서 본 상주앞전경

작정하고 상주로 이
사 와 지금까지 이렇
게 살고 있습니다."

　"아, 그래요. 행복해 보이시네요."

　"나도 대학교 2학년 때 동아리 친구하고 이곳에 왔을 때 너무 멋있었
지요."

　이렇게 이야기를 주고받으며 "다음에 오면 또 봅시다" 하고 택시를
내렸다. '억지로 만나려 하지 않아도 만날 사람은 만나지는 것이다. 그
것이 인연이다'라는 생각을 했다. 터미널에서 직원의 안내로 진교행 버
스에 올라 진교에서 순천행버스로 환승해 9시경 순천에 도착했다.

45

가장 오래된 목조건물
안동 봉정사

국보 극락전

2018년 유네스코문화예산으로 등재된 산사로, 1999년에 영국여왕이 방문한 '가장 한국적인 사찰'로 알려진 봉정사를 순례하기로 하고 아침 일찍 안동安東으로 향했다. 고속도로를 3시간여 달려 9시경에 매표소를 통과해 소나무 숲길을 조금 오르니 봉정사 주차장이다.

오래된 흔적을 엿볼 수 있는 '천등산 봉정사天燈山 鳳停寺'란 현판이 걸려 있는 일주문이 부부를 반긴다.

봉정사는 문무왕 12년인 672년 의상의 제자 능인스님이 창건하였다. 천등산은 원래 대망산으로 불렸는데 능인스님이 대망산 바위굴에서 수도하고 있을 때 스님의 도력에 감복한 천상의 선녀가 하늘에서 등불을 내려 굴 안을 환하게 밝혀 주었다. 이에 산 이름을 천등산天燈山으로 하고 그 굴을

1 봉정사 일주문
2 봉정사 만세루 오르는 계단길
3 만세루

천등굴이라 하였다.

그 뒤 수행 중인 능인스님이 도력으로 종이 봉황을 접어서 날리니, 이곳에 봉황이 머물렀다고 하여 봉정사鳳停寺라 명명하였다고 한다.

한국전쟁으로 자료가 소실되어 창건 이후의 사찰역사는 전해지지 않는다. 현재 대한불교조계종 16교구 본사인 고운사의 말사이다.

1 대웅전 2 대웅전 툇마루

길 좌우로 소나무들이 빼곡하다. 이 길은 엘리자베스 여왕이 걸은 길이라고 해 '퀸스 로드Queen's Road'로 명명된 길이기도 하다. 수령이 180년 되었다는 높이 15미터 둘레 70센티미터의 보호수인 소나무가 버팀목에 의지한 채 자연스러운 자태를 뽐내고 있다. 솔향에 취해 숨을 크게 들이쉬고 내쉬며 숲길을 오르니 왼쪽으로 전각이 모습을 드러낸다.

자연석을 쌓아 만든 가파른 50여 계단길을 오르니 누각에 '천등산 봉정사'란 현판이 걸려 있는. 월문형태의 좁은 문을 통해 누하진입하여 계단을 올라 뒤를 보니 누각에 '만세루'란 현판이 걸려 있다.

봉정사 만세루는 사찰로 통하는 통로 역할을 한다. 지형의 경사를 이용하여 앞면은 2층으로 뒷면은 단층으로 되어있는 구조이다. 2층은 마룻바닥에 평난간으로 되어있다.

법고와 목어판이 놓여있어 예불을 알리는 고루의 역할을 한다. 경북 유형문화재 제325호로 지정되어 있다. 만세루에서 절마당을 바라보니 대웅전이 절마당 중앙에 서 있고 그 좌측에 화엄강당, 우측에 무량해회 전각이 서 있다.

중심전각인 대웅전은 국보 제311호인 전각이다. 조선 전기의 건물로 지붕 처마를 받치기 위해 장식하여 만든 공포가 기둥 위뿐만 아니라 기둥 사이에도 있는 다포형식의 건물이다. 다포계 건물로는 최고의 목조건물이란다. 특이하게도 대웅전 앞쪽 전면 외부에 툇마루가 있다. 안동지역의 툇마루가 있는 가옥문화의 영향을 받아서란다.

법당 안으로 들어가니 주불인 석가모니불과 그 좌우에 협시보살로서 관세음보살과 지장보살이 모셔져 있다. 법당의 삼존불 뒤의 후불탱화가 눈에 들어온다. 보물 제1643호인 아미타설법도이다. 1713년 도익 등이 조성한 아미타불화로서 본존 아미타불을 중심으로 좌우에 10보살과 범천, 제석천, 10대제자, 벽지불, 사천왕, 팔금왕 등을 배치하고 있다. 이 그림은 조선 후기 아미타설법도상의 규범이 된다고 한다.

법당에 들어가 참배를 하고 오른쪽의 극락전으로 향하던 중 야외에 안정사 석조여래좌상이 모셔져 있는 것이 눈에 띈다. 안동댐의 건설로 안정사가 폐사되면서 석조여래좌상을 이곳으로 모셔 왔다고 한다.

극락전 아미타불

그 옆의 극락전으로 발걸음을 했다. 봉정사 극락전은 현존하는 목조건물 중 가장 오래된 목조건물로 국보 제15호로 지정되어 있다. 1972년 이전까지는 가장 오래된 목조건물 하면 영주 부석사의 무량수전으로 알고 있었다. 그러나 1972년 봉정사 극락전을 해체 복원하는 과정에서 발견된 상량문에서 고려 공민왕 12년인 1363년에 극락전을 중수하였다는 것이 밝혀져 봉정사 극락전에 가장 오래된 목조건물자리가 돌아가게 된 것이다.

전각 모습이 독특하다. 돌 기단 위에 자연석 초석을 배열했으며, 전면과 후면 중앙칸에 판문板門을 달았고 양쪽에는 살창을 달았다. 법당 내부 바닥은 전돌로 되어있다. 법당의 중앙 뒤쪽에 2개의 기둥을 세워 불단벽을 만들고 불단을 설치하였다. 불단에는 서방정토 극락세계의 주인인 아미타불만을 중앙에 봉안하고 있다. 단지 불단 뒤에 있는 고종 37년 1900년에 그린 후불탱화에 본존불인 아미타불과, 좌우협시보살인 관세음보살과 대세지보살을 그려 아미타불 삼존도 형식을 취하고 있다.

봉정사는 극락전과 대웅전이 각각 마당을 갖춘 병립구조로 되어있어 대웅전의 석가신앙과 극락전의 아미타신앙을 구현하였다고 한다. 극락전을 참배하고 나오니 앞마당에 고려시대의 3층석탑이 서 있다. 고려중기에 건립된 것으로 추정되며 경북 유형문화재 제182호로 지정되어 있다.

극락전 앞마당에는 삼층석탑과 함께 동쪽을 향하여 세운 오래된 전각인 고금당이 있다. 보물 제449호인 고금당은 1969년 해체복원 시 발견된 상량문에 1616년에 고쳐 지었다는 사실이 있으나 처음 건립연대는 알 수 없다. 원래는 불상을 모시는 전각이었으나 지금은 요사채로 쓰이고 있다.

고금당 뒤쪽 언덕에 있는 삼성각으로 올라가 참배를 하고 내려와 대웅전 앞마당의 화엄강당으로 향했다. 보물 제448호인 화엄강당은 스님들이 교학을 공부하는 장소이다. 화엄강당에는 보물 제1620호인 목조관세음보살좌상이 봉안되어 있다. 이 불상은 여러 개의 나무 조각들을 접합한 접목주기법으로 이루어졌으며 눈에 수정을 감입하였다. 자료에 따르면 1199년에 처음 조성되었으며 이후 1363년과 1751년에 중수되었다.

요사채인 무량해회를 거쳐 조금 떨어진 동쪽의 영산암을 다녀오고자 했다. 동쪽의 자연석으로 조성한 가파른 계단길을 오르니 100여 미터 떨어진 언덕에 부속암자인 영산암이 있다.

출입문인 누각에 '우화루雨花樓'란 현판이 걸려 있다. 원래 본전인 극락전 앞에 있던 누각의 현판이었다고 한다. 현판에 관련한 이야기가 재미있다. 우화雨花는 석가모니께서 영축산에서 처음으로 법화경을 설하실 때 하늘에서 꽃비가 내렸다고 하는 데서 유래된 말이란다.

누각 밑을 통과해 마당으로 들어가니 대갓집 고택에 들어온 것같이 정원이 아름답다. '한국 10대 정원'의 하나로 선정되었다는데 그럴 만하다는 생각이 들었다. 법당 안으로 들어가니 비구니스님이 사시예불 중이다. 법당에는 현재불인 석가모니불을 중심으로 그 좌우에 과거불인 제화갈라보살과 미래불인 미륵보살이 모셔져 있다. 그 양옆으로는 16나한이 모셔

영산전

져 있어 이곳이 영산전임을 알 수 있었다. 참배하고 전각을 나와 아내와 함께 툇마루에 앉아 아름다운 정원의 모습을 눈에 담으며 감상했다.

이렇게 봉정사순례를 마치고 주차장으로 내려왔다. 안내소에 들러 해설사 김미자 씨에게 궁금한 몇 가지를 물으니 친절하게 설명해 준다.

"이 사찰에는 천왕문이나 금강문이 없네요."

"이 사찰이 자연적으로 형성된 명당이어서 굳이 사찰을 수호하는 천왕문이나 금강문을 만들어 놓을 필요가 없다고 생각한 거예요."

"이 지역에 처음 왔는데, 의성 고운사와 예천 용문사 중 어디부터 먼저 가는 게 좋아요?"

"예천 용문사부터 먼저 들르는 게 좋겠는데요."

질문에 친절하게 응해주는 김 안내사에게 감사의 뜻으로 '맛있는 삶의 사찰기행' 책을 증정하고 다음 목적지로 향했다.

46

법보대찰
예천 용문사

회전문

안동의 봉정사를 순례 후 1시간여를 달려 법보대찰로 알려진 예천體泉 용문사 입구에 도착했다. 일주문에 '소백산 용문사小白山 龍門寺'란 편액이 걸려 있다. 일주문을 통과해 조금을 오르니 신길과 구길 두 갈래 길이 나온다. 일단 신길로 차를 몰아 주차장에 차를 주차했다.

예천 용문사는 신라시대 경문왕 10년인 870년에 두운杜雲이 창건했다. 두운이 이산의 동구에 이르렀을 때 바위 위에서 용이 영접하였다고 하여 절 이름을 용문사로 했다고 한다. 절을 짓기 시작하면서 나무둥치 사이에서 무게 16냥의 은병을 캐어 절 공사비에 충당했다고 하는 전설이 있다.

고려태조 왕건은 궁예의 부하로 후삼국정벌 중 이 절에 머무르게 되었는데 바위에 앉아 있던 용이 왕건을 반겨 주므로 왕건은 훗날 천하를 평정하면 이곳에 큰 절을 일으키겠다는 약속을 했다. 그 뒤 태조 19년인 936년에 칙명으로 이 절을 중건하고 매년 150석의 쌀을 하사했다고 한다. 이후 이 절은 왕실의 보호를 받으며 번창했다. 고려 명종 1년인 1171년에는 태자의 태를 보관한 뒤 창기사로 절명을 바꾸며 축성수법회를 열기도 했다.

조선 성종 9년인 1478년에 소헌왕비의 태실을 봉안하고 1480년 정희왕후가 중수하여 성불산 용문사로 하였으나, 정조 7년인 1783년 문효세자의 태실을 봉안하고는 '소백산 용문사'로 고쳤다. 이렇게 용문사는 숭유억불의 조선시대에서도 왕실차원의 지원이 이루어진 국가적인 명성을 지닌 사찰이었다.

이후 1835년 소실로 인해 폐허화 된 것을 열파悅坡·상민尙敏·부열富悅 등 승려들이 힘을 모아 중건하였다. 현재는 대한불교조계종 제8교구 본사인 직지사의 말사로 되어있다.

주차장에서 길을 내려와 절의 입구인 회전문으로 향했다. 여느 절의 천왕문 또는 사천왕문 자리에 서 있는 전각인데, 이곳에는 '회전문廻轉門'이란 편액이 걸려 있다. 춘천의 청평사에서 본 회전문의 현판과 같았다. 원래 이 전각과 사천왕상은 조선 숙종 14년인 1688년에 조성된 것이라고 한다.

이어서 '해운루'란 편액이 걸려 있는 누각이 서 있다. 사찰 출입문 역할을 하는 누각을 누하진입하여 통과해 절마당으로 진입했다. 이 누각은 아래에서 올려다보면 2층 건물이지만 절마당 쪽에서 보면 단층으로 보인다.

1984년 화재로 인하여 새로 지은 건물들이라고 한다. 절마당으로 올라오니 정면에 보명광전과 대장전이 눈에 들어온다.

사찰은 각 전각의 성격에 맞는 불보살을 봉안하여 예배한다. 먼저 중심전각인 보광명전으로 향했다. 돌로 쌓은 축대 위에 지어진 전각으로

1 회전문의 사찬왕상
2 해운루

비로자나불을 주불로 모셔 놓았다. 비로자나불은 진리로 가득 찬 연화장
세계의 주불로서 진리의 광명 그 자체로서의 부처님을 의미한다. 그 좌우
에는 서방 극락정토의 주존불인 아미타불과 동방유리광세계의 주존불
인 약사불을 함께 모셔 놓고 있다. 이 중 아미타불은 1515년 중수발원문
이 출토되었다. 법당참배를 마치고 나오니 기둥의 주련에 눈길이 간다.

> 불신보편시방중佛身普遍十方中 부처님의 나투심 시방세계에 두루하시니
>
> 삼세여래일체동三世如來一體同 삼세여래가 모두 한 몸이시네
>
> 광대원운항부진廣大願雲恒不盡 광대한 서원 구름처럼 다함이 없고
>
> 왕양각해묘난궁汪洋覺海渺難窮 넓고 넓은 깨달음의 바다 아득하고 끝이 없네

전각을 내려와 약수터에서 목을 축이고 왼쪽의 대장전大藏殿으로 향
했다. 이곳은 이름 그대로 경전을 봉안한 전각으로 이곳 용문사가 법
보사찰임을 보여주는 곳이다. 팔만대장경의 일부를 보관하기 위해 고
려 명종 9년인 1179년에 세워졌으며 보물 제145호로 지정되어 있다.
처마의 물고기모양의 장식들이 특이하다.

전각 안으로 들어가니 불단 좌우에 설치된 회전식 팔각윤장대가 눈에 들어온다. 윤장대는 장경판을 넣어 둔 것으로 지극한 신심으로 윤장대를 한 번 돌리면 경전을 한 번 읽는 것과 같은 공덕이 쌓인다고 한다.

이곳의 윤장대는 현존하는 가장 오래된 것으로 고려 명종 3년인 1173년에 제작된 것으로서 보물 제684호로 지정되어 있다. 윤장대 옆의 안내 글을 보니 3월 3일과 9월 9일 이틀만 윤장대를 돌린다고 한다.

불단에는 보물 제989-1호인 목조아미타여래불과 그 좌우에 협시보살인 관세음보살과 대세지보살 등의 삼존불좌상이 모셔져 있다. 그 삼존불 뒷면에는 아미타불이 서방정토에서 설법하는 장면을 표현한 보물 제989-2호인 목각아미타여래설법상 목각탱이 있다. 이 보물들은 조선 숙종 10년인 1684년에 제작된 것이라고 한다. 특히 후불탱화는 대다수 사찰에서 볼 수 있듯이 지면에 그림으로 그린 것이 일반적이지만, 이곳의 대장전은 문경의 대승사에서 보았던 국보 목각탱처럼 목각으로 조성되어 있어 그 장엄함을 더 해 주고 있다.

오늘은 아쉽게도 실물은 볼 수 없고 대신 불단에 커다란 천에 담은 사진만 걸려 있다.

법당을 나와 명부전으로 향했다. 법당 안에는 여느 명부전처럼 명부의 구원자 지장보살과 명부의 심판관인 시왕+王, 판관과 사자 등의 권속을 모셔 놓고 있다.

법당을 참배하고 나와 응진전으로 향했다. 조그마한 전각에 과거불인 제화갈라보살, 현재불인 석가모니불, 미래불인 미륵보살을 중심으로 좌우에 불법수호를 위탁받은 16나한을 8나한씩 모셔 놓고 있다. 법

1 보광명전   2 대장전 목조아미타여래불상, 윤장대

당참배를 하고 나와 언덕을 올라 최근의 화재 이후 새로 조성한 천불전으로 향했다. 천불전은 누구든지 깨달으면 부처가 될 수 있다는 대승불교의 근본사상을 상징하는 전각이다. 기둥의 주련에 눈길이 갔다.

천불전 비로자나불및 천불상

인원과만증여여因圓果滿證如如 원만한 인과를 진여로서 증명하시고

의정장엄상호수依正藏嚴相好殊 단정한 옷의 장엄과 뛰어난 상호를 갖추셨으며

구경천중등보좌究竟天中登寶坐 구경의 하늘 보좌에 오르셨다가

보리수하현금구菩堤樹下現金軀 보리수 아래서 금빛 모습을 나타내셨습니다

도솔야마영선서兜率夜摩迎善逝 도솔천, 야마천에서 맞이한 부처님을

수미타화견여래須彌他化見如來 수미산 타화자재천에서 뵈웁나이다

법당 안으로 들어가니 주불인 비로자나불 뒤로 천 개의 불상이 모셔져 있다. 참배하고 법당 오른쪽으로 내려오니 조그마한 산신각이 있고 그 아래에는 관음전이 있다. 관음전으로 들어가니 천수관음보살좌상이 모셔져 있다. 27개의 얼굴, 천개의 손과 눈을 가진 것으로 지옥에 있는 중생의 고통을 자비로써 구제해주는 보살이다. 관음의 자비가 매우 넓은 것을 상징적으로 보여 준다. 참배를 마치고 관음전 앞뜰에서 사찰전경을 내려다보니 넓은 공간에 전각배치가 잘 되어있다는 생각이 든다.

이렇게 용문사 순례를 마무리하면서 오기를 잘했다는 생각을 했다. 종무소를 거쳐 성보박물관을 관람하고 절을 빠져 나와 다음 순례지로 향했다.

영남지역 순례

47

천하명당 관음성지
의성 고운사

고운사 일주문

예천의 용문사 순례를 마치고 의성義城의 고운사로 향했다. 점심은 차 안에서 준비해 온 간식으로 해결하면서 1시간 정도를 달려 소나무가 우거진 숲속의 고운사에 도착했다.

'등운산 고운사騰雲山 孤雲寺'란 현판이 걸려 있는 크지 않은 아담한 일주문이 서 있다. 현판 위에는 '조계문曹溪門'이란 편액이 붙어 있고, 일주문의 기둥이 여느 절과 달리 구불구불한 자연목 그대로의 모습이다. 충남 서산 개심사에서 보았던 범종루의 자연목 기둥과 구례 화엄사 구층암에서 보았던 모과나무 기둥이 떠오른다.

고운사는 신라 신문왕 1년인 681년 의상이 창건한 절이다. 창건 당시에는 고운사高雲寺였으나 고운 최치원이 여지·여사 두 승려와 함께 가운루를 짓고 고운사孤雲寺로 개칭하였다.

고려 정종 3년인 948년에 중창을 한 이래 여러 차례 재중창하며 세월을 이겨 왔다. 조선 임진왜란 때에는 사명대사泗溟大師가 승군의 전방기지로 삼아 식량을 비축하고 부상한 승려들의 뒷바라지를 하기도 했

가운루

다. 한때는 석학으로 이름난 함홍선사가 이곳에서 후학을 지도하고 무려 500명의 대중스님이 수행하는 도량이기도 했다.

이후 조선 헌종 1년인 1835년 소실된 것을 재건하여 오늘에 이르고 있다. 현재 대한불교조계종 제16교구 본사이다.

일주문을 통과해 사천왕상을 모셔 놓은 천왕문을 지나니 왼쪽에 고불전이 있다. 조그마한 전각인데 안을 들여다보니 오래된 석물이 모셔져 있다. 선 채로 참배를 한 후 계곡을 따라 조금 더 오르니 계곡을 가로질러 세운 누각이 눈에 들어온다.

신라 명필인 최치원이 지었다는 가운루이다. 계곡에 세운 나무기둥이 높아 마치 붕 떠 있는 듯 신기한 모습이다. 가로 길이가 16.2미터 최고 높이가 13미터에 달하는 대규모 누각으로 3쌍의 가늘고 긴 기둥이 계곡 밑에서부터 이 거대한 누각을 떠받치고 있다.

누각 밑으로 누하진입해 나오니 절마당이다. 중앙에 중심전각인 대웅보전이 있다. 새로 지은 건물이다. 법당 안으로 들어가니 석가모니불을 주불로 그 좌우에 보현보살과 문수보살을 협시불로 모셔 놓고 있다.

석가모니불은 오른손은 무릎 밑으로 내리고 왼손은 손바닥을 위로 하여 배꼽부근에 대고 있는 모양인 항마촉지인을 하고 있다. 석가불의 지혜를 상징하는 문수보살은 주불의 왼쪽에 위치하여 머리에 5계를 맺고 오른손에는 지혜의 칼을, 왼손에는 지혜의 그림이 그려진 청련화를 쥐고 용맹의 상징인 사자를 타고 있다. 이덕, 정덕, 행덕을 맡으며 주불의 오른쪽에 위치한 보현보살은 연화대 위에서 합장하고 있으며 월색의 몸을 한 채 6개의 상아를 지닌 흰 코끼리를 타고 있다. 문수보살이 지혜의 상징이라면 보현보살은 행동의 상징이다.

법당참배를 마치고 나와 마당 건너편의 숲속 돌계단을 올라 나한전으로 향했다. 계단을 오르니 삼층석탑이 서 있다. 고려시대에 도선국사가 조성한 탑으로 경북 문화재 자료 제28호로 지정되어 있다. 2층 기단 위에 3층의 석탑을 올린 단조로운 모습을 하고 있다.

나한전은 현재 대웅보전 자리에 있던 건물이란다. 1992년 대웅보전을 신축하면서 전각을 해체하여 이곳에 이전해 놓고 나한전으로 명명했다고 한다. 법당 안으로 들어가니 중앙에 석가모니불좌상이 모셔져 있고 그 좌우로 8나한씩 16나한이 모셔져 있다.

참배를 마치고 다시 대웅보전 앞으로 내려오니 곁에 팔정도를 새겨 놓은 둥근 모양의 거대한 조형물이 있다. 팔정도는 중생이 고통의 원인인 탐貪 · 진瞋 · 치痴를 없애고 해탈하여 깨달음의 경지로 나아가기

1 대웅보전 석가
  모니삼존불

2 나한전

3 약사전 석조석
  가여래좌상

위해서 실천 수행해야 하는 8가지의 길이다. 자세히 살펴보니 정견正見 (올바로 보는 것), 정사유正思惟 (올바로 생각하는 것), 정어正語 (올바로 말하는 것), 정업 正業 (올바로 행동하는 것), 정명正命 (올바로 목숨을 유지하는 것), 정정진正精進 (올바로 부 지런히 노력하는 것), 정념正念 (올바로 기억하고 생각하는 것), 정정正定 (번뇌로 인한 어지 러운 생각을 버리고 마음을 안정하는 것) 등의 글이 설명과 함께 적혀 있다. 불자 들은 이 팔정도에 의하여 수행하고 생활하게 되어있다. 한쪽에는 '팔정 도를 천천히 읽으면서 한 번 돌리면 한 가지 소원이 이루어진다'는 안 내글이 있다. 아내가 다가가더니 조형물을 한 바퀴 돌리고 온다.

약사전으로 발걸음을 옮겼다. 법당 안으로 들어가니 보물 제246호 로 지정된 석조석가여래좌상이 모셔져 있다. 높이가 79센티미터의 석 상으로 불상받침대인 대좌와 불상 뒤 원광인 광배를 모두 갖추고 있어 그 모습이 9세기 불상의 특징을 그대로 갖고 있다. 통일신라시대에 도 선국사가 조성한 불상으로 고운사에서 가장 오래된 불상이란다. 약사 여래는 동방의 정유리세계의 교주로 12대 서원을 발하시어 이 세계 중 생들의 치료, 수명연장, 재앙소멸, 의복, 음식 등을 만족하게 하고, 부처 의 행을 닦아 위 없는 깨달음을 얻도록 하겠다고 서원을 하신 분이다.

약사전 참배를 마치고 걷고 있는데 아거각 편액이 붙어 있는 전각에 발이 쳐 있고 안쪽 툇마루에서 스님이 녹차를 드시고 있다.

"스님 안녕하세요. 저도 차 한 잔 주실 수 있나요?"
"네, 앉으세요."
"이 절터가 천하명당이라는 생각이 드네요."

극락전 아미타 삼존불상

　"이곳은 부용반개형상의 지형입니다. 부용은 연꽃의 다른 말이고, 부용반개형상은 연꽃이 반쯤 핀 형국의 지형이란 뜻입니다."

　"아, 그래요?"

　"부석사는 무량수전에서 보면 멀리 시야가 열리어 있지만, 이곳의 산봉우리를 보면 연꽃잎을 상징하듯 봉우리가 둘러싸고 있어요. 절은 그 꽃잎의 중앙에 해당하고요."

　"아, 그렇군요."

　"그래서 마음을 눌러 주게 되므로 수행이 잘되어 많은 수행자가 수행하러 이곳으로 옵니다."

　"스님은 이곳에 온 지 얼마나 되셨어요?"

　"10년 정도 되었습니다."

"스님 감사합니다. 이렇게 인연을 맺었으니 '맛있는 삶의 사찰기행' 책을 드리고 가겠습니다."

이렇게 보이차를 매개로 등휴騰休스님과 차담을 나누고 다른 전각으로 향했다. 명부전과 삼성각을 참배하고 하늘을 보니 구름 한 점 없는 파란 하늘이 호주 시드니에서 보았던 날씨같이 아름답다.

극락전으로 향했다. 법당에는 중앙에 서방정토 극락세계의 주인인 아미타불을 그 좌우에 관세음보살과 대세지보살을 모셔 놓고 있다.

법당참배를 하고 안내글을 보니 이곳 극락전의 관세음보살님은 스스로의 원력에 의해 다른 곳에서 이곳으로 모셔졌기 때문에 기도하는 이와의 감응이 참으로 신비하게 이루어지는 영험을 갖고 있는 보살이란다.

절마당을 빠져 나와 종무소를 거쳐 한쪽에 있는 용왕각으로 향했다. 아마도 여느 절의 산신각의 역할을 하는 곳인 듯한데, 이곳은 호랑이가 아닌 용을 타고 있는 산신의 모습이 특이하다.

용왕각을 내려와 호랑이벽화를 보고자 했다. 이 벽화는 조선 중기에 그려진 그림으로 어느 쪽에서 보더라도 눈이 따라온다고 한다. 아내와 함께 확인해 보니 정말 신기했다.

이렇게 오래된 사찰로서 명당이라고 일컬어지는 고운사 순례를 마무리하고 극락교를 건너 절을 빠져 나왔다.

48

신라 최초사찰
선산 도리사

소나무와 잘어울리는 전각

아내와 함께 경북지역의 사찰을 1박 2일에 걸쳐 순례하고자 했다. 먼저 신라에 불교를 처음으로 전한 아도화상阿道和尚의 흔적이 남아있는 선산 태조산 도리사로 향했다. 도리사 진입로에 들어서는데 가로수 길이 예사롭지 않다. 산림청이 지정한 '한국가로수 62선'에 선정된 '느티나무 가로수길'이다. 아도화상이 도리사를 창건하면서 5밀리미터 크기의 느티나무 묘목 490본을 식재하면서 길이 조성되었다고 한다. 아름다운 가로수길을 감상하며 얼마를 즐겁게 달렸다. '태조산 도리사太祖山 桃李寺' 현판이 걸려 있는 일주문을 통과해 조금을 더 오르니 절 밑 주차장이다.

도리사는 신라 눌지왕 418년에 아도화상이 창건한 절이다. 고구려 승려 아도가 신라에 불교를 전파하기 위하여 지금의 경주인 서라벌에 갔다 돌아오는 길에 겨울인데도 복숭아꽃과 오얏꽃이 만발하여 있음을 보고 그곳에 절을 짓고 도리사桃李寺라 하였다.

정확한 창건연대는 알 수 없으나 이 절이 신라 최초의 사찰이다. 창건 이후 조선 후기까지의 역사는 전해지지 않으며, 조선 숙종 3년인

영남지역 순례

1677년 화재로 소실된 것을 수차례에 걸쳐 중창하여 오늘에 이르고 있다. 현재 대한불교조계종 제8교구 본사인 직지사의 말사이다.

설선당 앞의 샘물터에서 샘물로 목을 축이는데 샘물터 벽에 글이 붙어 있다.

'가는 행인 더위에 지쳤는데
시원한 물을 길가에서 만났네
조그만 샘물 온 나라를 적시니
한 번 절하고야 맛볼 수 있네'

계단을 올라가니 전각이 서 있다. 옆으로 돌아 절마당으로 들어가보니 전각에 '해동최고가람' '태조산 도리사'란 편액이 걸려 있다. 그리넓지 않은 절마당에 중심전각인 극락전이 있다. 서방정토 극락세계의 주재자인 아미타불을 모시는 전각의 빛바랜 처마와 벽의 그림에서 오랜 세월을 지켜 온 흔적이 묻어난다.

오랜 전각이지만 건립연대는 알 수 없다. 조선 효종 1년인 1650년 지문대사의 증축과 고종 12년인 1875년 용해화상龍海和尚의 중수를 거쳐 오늘에 이르고 있다.

법당 안으로 들어가니 인조 23년인 1645년에 조성한 목조아미타여래좌상과 고종 13년인 1876년에 조성한 아미타후불탱화가 모셔져 있다. 참배를 마치고 나오니 공양물 무인판매대와 함께 공양의 의미를 설명하는 글이 있다.

'공양물을 올리는 것은

부처님 자비에 의지하고

기쁜 마음으로 정진하기 위함이며,

그 공덕은 무한하다.'

1 극락전 2 극락전 목조아미타여래좌상

영남지역 순례

화엄석탑

극락전 앞 절마당에는 화엄석탑이 서 있다. 이 탑은 보물 제470호로 지정되어 있으며 고려 중엽의 작품으로 추정된다. 일반 석탑과는 그 형태를 달리하는 특이한 모습을 하고 있다. 지면 위에 10매의 길게 다듬은 돌을 놓고 그 위에 탑의 기단 부분을 세웠다. 그리고 그 위에 3층의 탑신부분을 세웠는데 각각의 층마다 작은 석재를 중첩하여 얽거나 짜서 탑신부를 형성하고 있어 벽돌탑을 모방한 것에 가깝다.

탑돌이를 하고 나니 마당 오른쪽에 '아도화상 좌선대입구'라는 안내 표석이 있다. 가파른 산길을 따라 계단을 내려가니 '아도화상 사적비'가 서 있다. 조선 효종 6년인 1655년에 세운 비로 아도화상이 신라에 불교를 전한 사적을 적은 것이다. 그 비석 앞에 자연바위로 만든 '좌선대'가 있다. 아도화상이 좌선을 하고 앉았던 바위자리인데, 이와 관련된 전설이 전해지고 있다.

아도화상은 불교의 시작이 될 터를 찾아 떠나며 그가 머물렀던 집의 모례장자毛禮長子에게 "칡넝쿨이 집으로 넘어오거든 그 넝쿨을 따라오면 나를 만날 수 있을 것이요"라고 말을 남겼다. 얼마 후 아도화상의 말처럼 집 안으로 칡넝쿨이 들어오자 칡넝쿨을 따라 이곳에 와 봤더니 아도화상이 바위 위에서 좌선하고 있었다.

아도화상 좌선대

모례장자는 반가움에 아도화상에게 이곳에 머물게 된 연유를 물었다.
아도화상은 "겨울인데도 복숭아꽃과 오얏꽃이 활짝 피어 있는 모습을
보고 이곳이 성스러운 터임을 알아 절을 짓고자 한다"고 말했다. 이에
모례장자는 절을 지어 주게 되었고 복숭아꽃과 오얏꽃에서 이름을 따
그 이름을 도리사桃李寺로 하였다고 한다.

좌선대를 둘러보고 다시 절마당으로 올라와 극락전 옆의 태조선원
으로 향했다. 이곳은 스님들의 선방으로 ㄷ자형의 건물이다. 이 선원은
수행하기 좋고 도인이 많이 나와 영남의 3대선원 중 '제일 도리'라는 별
칭으로 유명하다고 한다. 고려 말 길재선생도 이곳에서 10세 때 공부
를 하였으며, 근래 성철대선사도 이곳에서 정진했다고 한다. '태조선원
太祖禪院'의 편액글씨는 민족대표 33인 중의 1인인 오세창의 글씨란다.
절마당을 빠져 나와 계단을 오르니 아도화상 동상이 눈길을 끈다.
특이하게 동상 아래에 향을 피우고 있다. 신라 눌지왕의 딸 성국공주

가 병으로 쓰러지자 아도화상이 향을 피워 병을 낫게 했다는 이야기에 따라서 오늘날까지 향을 피우는 의식이 이어지고 있다고 한다.

아도화상 동상 오른쪽으로 걸어 적멸보궁으로 향했다. 계단을 올라 적멸보궁 앞에 서니 풍경이 한 폭의 산수화 같다. 영주 부석사 무량수전 앞에 서서 산하를 내려 보는 듯하다.

부처님의 진신사리가 모셔진 곳인 도리사 적멸보궁은 국내 8대 적멸보궁에 속한다. 보궁 안으로 들어가니 여느 적멸보궁처럼 불상이 없이 바깥의 세존사리탑을 향해 통유리창만 있을 뿐이다. 적멸보궁 법당 한쪽 벽에 한국불교의 전통인 한지등^{韓紙燈}으로 인등을 만들어 불을 밝히고 있어 눈길을 끈다.

법당참배를 마치고 나와 보궁 뒤의 세존사리탑으로 향했다. 1977년

태조선원

1 태조 천문대 적멸보궁

극락전 뒤편의 세존사리탑에서 발견된 사리를 1988년 새롭게 조성된 이 곳의 사리탑으로 옮겨 모셔 놓았다고 한다. 이 사리는 7밀리미터의 콩 알 크기로 우리나라에서 발견된 것 중 가장 큰 것으로 평가받고 있다.

석종형 부도의 모습을 한 세존사리탑은 1743년에 조성되었다. 1977 년 4월 도굴로 흩어져 있던 사리탑을 복원하던 중 부도 밑에 마련된 육 각형 사리공 안에서 금동육각사리함이 발견되었고, 사리함 내부에는 부처님 진신사리 1과가 봉안되어 있었다. 당시 발견된 금동육각사리함 은 국보 제208호로 지정되어 직지사의 성보박물관으로 모셔져 전시되 고 있는데, 지난해 직지사 성보박물관에서 관람 중 친견했었다. 한편 발견된 진신사리는 새로 건립된 이곳의 세존사리탑에 옮겨져 안치되 어 있다.

적멸보궁에서 108배를 하며 참배하고 내려오려는데 아내가 기도처 로서 마음에 쏙 든다고 하면서 떠남을 아쉬워한다. 범종루를 거쳐 내

영남지역 순례

려오니 서대 전망대로 가는 안내 표지판이 있다. 서쪽 숲길로 100여 미터를 걸어서 가 보았다. 시야가 확 트이고 낙동강이 보이는 수려한 곳이 서대이다. 아도화상은 이곳 서대에 올라 서쪽의 황악산을 가리키며 "저곳에 훌륭한 터가 있는데 그곳에 절을 지으면 불교가 흥할 것이다"라고 했다고 한다. 그래서 아도화상이 가리킨 그곳에 절을 지으며 아도화상이 바로直 가리켰다指해서 직지사直指寺로 이름하였다고 한다.

전망대를 뒤로 하고 되돌아 나오는데 나뭇가지에 걸린 나무 조각의 글에 눈길이 간다.

'우리에게 있는 모든 문제는 그 자체가 문제인 것이 아니라,
내가 그것에 대해 문제를 삼았기 때문에 문제일 뿐이다.'

신라 최초의 절인 도리사를 순례하는 기쁨을 잔뜩 안고 아내와 함께 절을 빠져 나와 다음 목적지로 향했다. 아름다운 느티나무 숲길을 달리면서 일주문을 보니 '해동최초가람지 태조산 도리사'란 현판이 걸려 있다.

49

천년고찰
영천 은해사, 백흥암, 운부암, 거조암

은해사입구의 연못

선산 도리암 순례를 마친 후 1시간 30분여를 달려 영천榮川 은해사에 도착했다. 일주문에 '팔공산 은해사八公山 銀海寺'란 현판이 걸려 있다. 일주문을 통과하는데 사천왕상이 모셔져 있다. 통과하고 보니 '천왕문'이라는 편액이 걸려 있다. 일주문 겸 천왕문의 역할을 하는 건물이다.

은해사銀海寺는 신라 헌덕왕 원년인 809년에 현재의 운부암 자리인 해안평에 혜철국사惠哲國師가 창건한 해안사海眼寺가 원조이다. 조선 명종 원년인 1546년에 천교화상이 지금의 터로 절을 옮기고 은해사로 이름을 바꾸었다. 그 후 선조 22년인 1589년에 법영法英 · 의연義演 · 광심廣心 대사가 중창하였고, 1919년에 대본산 사찰이 되었다. 현재 대한불교조계종 제10교구의 본사로서 천년이 넘는 역사를 지닌 거조암을 비롯하여 백홍암, 운부암 등 8개의 암자가 있다.

일주문을 통과하자 울창한 숲길이 펼쳐지고 있다. '은해사 금포정'이다. 1714년 숙종 때 일주문 일대의 땅을 매입하여 소나무 숲을 조성하였다고 한다. 오래된 소나무 숲이 2킬로미터에 걸쳐 울창하게 조성되어

1 은해사 보화루 2 은해사 범종루

있어 아름다운 모습을 연출하고 있다. 숲길 왼쪽에 부도군이 있다. 이곳
과 인연이 깊은 일타스님의 부도탑에 눈길이 간다.

극락교를 건너자 절 출입문의 역할을 하는 보화루 누각이 서 있다.
누각 밑의 문 양쪽에 금강역사상이 모셔져 있다. 절마당으로 들어가니
왼쪽에 범종루가 서 있다. 기둥의 주련에 눈길이 간다.

> 이지옥출삼계離地獄出三界 지옥의 고통 면하고 삼계의 윤리 벗어나서
>
> 지혜장보리생智慧長菩提生 지혜는 자라나고 깨달음 생겨나며
>
> 문종성번뇌단聞鐘聲煩惱斷 이 종소리 듣는 중생들 번뇌가 끊어지고
>
> 원성불도중생願成佛度衆生 원컨대 성불하여 중생들을 건지리라

마당에 높이가 10미터, 둘레가 1.5미터 되는 커다란 향나무가 서
있다. 중심전각인 극락전으로 향했다. 법당 안에 서방정토 극락세계의

주인이신 아미타불을 주불로 하여 그 좌우에 관세음보살과 대세지보살이 모셔져 있다.

참배를 하고 나와 오른쪽 계단을 오르니 16나한을 모신 독성각인 단루각이다. 법당안으로 들어가 참배를 마치고 나와 주련을 읽어 본다.

상운축팔공기祥雲蹴八公起 상서로운 구름은 팔공산에 뭉게뭉게 일어나고

섬광교교조창전蟾光皎皎照窓前 밝은 달빛은 창밖을 훤히 비추네

송수경일임선탑松秀竟日臨禪榻 아름다운 소나무 아래 앉아 참선을 하지만

일완청다도요연一椀淸茶道遙然 한 잔 맑은 차에 도는 아직 요연하네

이어서 산신각과 조사당을 참배하고 보화루를 빠져 나와 이정표를 보니 부속암자 안내를 하고 있다.

보화루에서 서쪽 골짜기로 1.5킬로미터 떨어져 있는 백흥암百興庵을 다녀오기로 했다. 산길을 올라 도착해보니 비구니선원이다. 출입문인 보화루는 해체보수 중이다. 선원입구에 외부인 출입금지라고 되어 있고, 한 해에 두 번 부처님 오신 날과 백중날에만 일반인에게 개방된단다. 두리번거리다 선원 안의 스님에게 어렵게 부탁하니 마지못한 듯 잠겨 있는 보물이 있는 극락전을 열어 주신다.

백흥암 극락전은 조선 인조 21년인 1643년에 건립된 전각이다. 정면 세 칸 측면 세 칸의 팔작지붕 다포식 건물로 조선 초기의 건축양식을 그대로 보여 주고 있다. 그 가치를 인정받아 보물 제790호로 지정되어 있다.

법당 안으로 들어가니 삼존불 불상 밑의 수미단이 뛰어난 조각과 특이한 구성으로 여느 법당에서 흔히 볼 수 없는 화려한 모습의 불단이다.

1 백흥암 극락전   2 벡흥암 극락전 법당 수미단

자세히 보니 안상眼象을 비롯하여 봉황, 공작, 학 등 동물들을 특이하게
조각하여 목각예술의 우수성이 돋보인다. 법당안의 수미단은 보물 제
486호로 지정되어 있다. 백홍암의 현판은 물론 주련까지 추사 김정희
의 친필이라고 한다.

법당 참배를 기쁘게 마치고 나와 이어서 찾은 곳은 운부암이다. 은해사 보화루에서 동쪽 골짜기로 2.5킬로미터 떨어져 있는 산길을 오르니 '천하명당 운부선원'이라는 표석이 눈에 들어온다.

은해사 창건 당시의 절인 해안사 터인 운부암雲浮庵은 서기 711년 의상대사가 창건하였다고도 하나 그 당시는 의상이 입적한 이후가 되어 신빙성이 없다. 그러니 신라 헌덕왕 1년인 809년에 혜철국사가 창건했다고 본다. 운부암은 창건당시 상서로운 구름이 일어났다고 하여 운부암이라 이름 지을 정도로 유서 깊은 암자이다.

절 앞의 작지 않은 연못에 달마대사 입상이 서 있다. 달마대사는 중국 양나라에 들어와 불교에 선종禪宗을 일으킨 고승이므로 이곳 선사에 상징적으로 세워 놓은 것 같다는 생각이 든다. 연못 옆 언덕 위의 절로 향했다. 월문형태의 조그만 문 위에 불이문이라는 편액이 붙어 있다.

이곳을 통과해 계단을 오르니 보화루 누각이 서 있다. 누각 밑으로 누하진입하여 절마당으로 들어가니 중심전각인 원통전이 있다. 법당 안에는 보물 제514호인 청동보살좌상이 모셔져 있다. 커다란 보관과 온몸을 덮고 있는 복잡한 영락장식이 특이하다. 15세기 후반에 제작되었다는 문경 대승사의 금동보살좌상과 유사하다.

이렇게 귀한 보물이 모셔져 있는 원통전을 참배하고 절마당을 빠져 나오는데 보화루 앞뜰에서 스님이 관목 형태의 보리수나무를 가위로 다듬고 계신다.

인사를 드리니 "사람처럼 나무도 잘 다듬어 주어야 해요" 하며, 보리수열매를 먹어 보라며 건네준다. 잘 익은 빨간색 열매를 골라서 입에 넣으면서, 스님께 물었다.

1 운부암 달마대사상
2 운부암 원통전
3 원통전 청동보살좌상

"스님, 왜 연못에 달마대사상을 세워 놓았어요?"

"이곳이 수행선원이므로 선종의 원조인 달마대사를 모셔 놓고 있어요."

"아, 그래요."

"'천하명당 북 마하, 남 운부'하듯이 이곳은 최고의 수행처로 북쪽에서는 금강산 마하연사가, 남쪽에서는 팔공산 운부암이 제일 명당이면서 수행처예요."

그래서인지 명당에 와 있다는 느낌이 온몸을 파고든다.

운부암 순례 후 산길을 내려와 은해사에서 20킬로미터 떨어진 곳에 있는 거조암으로 향했다. 일주문에 '팔공산 거조암八公山 居祖庵'이라는 현판이 걸려 있다. 거조암은 신라 효성왕 2년인 738년에 창건되었다. 넓은 평지에 있는 '영산루'란 현판의 누각 출입구 앞에 거북상이 염주를 걸고 방문객을 맞이한다.

누각 아래층의 절 출입구 벽에 '신묘한 영험이 있는 거조사 영산전 나한님께 올리는 만발공양'이라는 제목의 글이 붙어 있다. 중생은 부처님에게 공양을 올리고, 부처님은 중생에게 차별 없는 마음으로 부처님의 법과 물질을 베푸는 자비로움의 행위가 만발공양이란다. 그러면서 불자들 간에 거조사 나한님의 영험함이 입으로 전해져 오고 있단다.

매점에서는 보살이 영산전의 나한님에게 보시할 '300개짜리 사탕봉지'와 '50원짜리 동전 600개가 담긴 자루'를 팔고 있다. 보시물로 '동전 한 자루'를 준비하고 절마당의 영산전으로 들어갔다. 이 전각은 고려 우왕 원년인 1375년에 지어진 목조건물로 불규칙하게 채석된 장대석과 잡석으로 축조된 높은 기단 위에 선 길쭉한 정면 일곱 칸 측면 세 칸의 건물이다. 전각 안에는 석가모니불상과 526분의 석조나한상을 모셔 놓고 있다. 천장은 서까래가 그대로 드러나는 연등천장으로 되어있다. 이 영산전은 국보 제14호로 지정되어 있다.

법당보살 안내에 따라 석가여래 삼존불상에 우선 참배를 했다. 중앙에 현재불인 석가모니불이, 그 좌우에 과거불인 제화갈라보살과 미래불인 미륵보살이 입상으로 모셔져 있다. 이어서 법계도法界圖를 따라 봉안된 526개의 각각의 다른 모습의 나한님을 보면서 그 앞에 보시물을 놓고 기도하면서 이동했다.

이곳은 2001년에 아내와 함께 방문했었다. 그 당시 나한님 중에 257

번 불소소존자와 258번 건유번존자가 유럽 출장 중이어서 뵙질 못했었는데 이번에는 볼 수 있었다. 존자 밑에는 "유럽전시회 '한국의 혼을 찾아서'에 초청되어 출장 다녀오셨다"는 안내 글이 있다.

이렇게 영산전 참배를 즐겁게 마무리했다. 절마당에는 삼층석탑이 서 있는데 그 모습으로 보아 고려시대에 조성된 것으로 추정하고 있다. 경북 문화재자료 제104호로 지정되어 있다.

1 거조암 영산전
2 거조암 영산전 나한들

이렇게 거조암 영산전 참배를 끝으로 은해사 순례를 마치니 저녁때가 되었고 숙제를 마무리한 듯 기쁜 마음으로 절을 빠져 나왔다.

영남지역 순례

50

비구니 승가대학
청도 운문사, 사리암

새벽예불을 마치고 돌아가는 스님들

새천년 여름 청도淸道의 용천사에 한 달 정도 머무르면서 주변의 운문사를 찾았던 기억이 있어 아내와 함께 다시 순례하기로 했다.

차로 달려 호수를 지나가니 길 양쪽에 '호거산 운문사虎踞山 雲門寺'와 '운문승가대학' 돌기둥이 서 있다. '여기서부터 운문사의 솔바람길입니다' 라는 표지판과 함께 조성된 아름다운 소나무군락을 지나 운문사 주차장에 도착했다.

운문사는 신라 진흥왕 21년인 560년에 신승神僧이 대작갑사를 창건한 것이 원조이고, 진평왕 13년인 591년 원광圓光이 크게 중건했다. 고려 태조 20년인 937년 보양국사寶壤國師가 중창을 하고 작갑사로 명칭을 바꾸었다. 이때 고려 태조 왕건이 후삼국을 통일하는 과정에서 왕건을 도왔던 보양국사의 공에 대한 보답으로 쌀 50석을 하사하고 '운문선사' 라고 사액한 뒤부터 운문사로 불렀다고 한다.

그 뒤 조선 숙종 16년인 1690년에 설송雪松이 중건한 뒤 오늘에 이르고 있다. 현재 대한불교조계종 제9교구 본사인 동화사의 말사로 되어 있다. 1958년 비구니 전문강원이 개설되었고 지금은 비구니 수행도량인 승가대학원이 개설되어 운영되고 있다.

부속암자로 동쪽에 청신암, 역수로 유명한 내원암, 북쪽에 북대암, 동남쪽에 사리암, 서쪽에 휴거암이 있다.

오늘은 '나반존자 기도처'로 유명한 운문사의 부속암자인 사리암을 먼저 순례하고, 새벽에 운문사로 내려와 새벽예불에 참여하고자 했다. 운문사 주차장에서 왼쪽 '사리암가는 길'을 따라 2.3킬로미터를 더 가니 사리암 주차장이다. 낮의 길이가 제일 길다는 하지 때여서인지 7시가 넘어선 시간임에도 아직 날이 어두워지지 않았다.

산길을 오르기 시작하는데 입구에 나무지팡이 보관함이 있다. '성불하십시오'란 글씨가 새겨져 있는 나무지팡이에 의지하며 언덕길을 20여 분 오르니 극락교 다리가 나온다.

산속에서 '나반존자'를 염송하는 예불 소리가 들린다. 나도 같이 염송하며 10여 분 가파른 계단 길을 올라 샘물터에서 물을 한 바가지 들이키니 감로수가 따로 없다. 몸을 추스르고 10여 분 힘들게 계단 길을 따라 오르니 사리암이다. 스님의 저녁예불이 막 끝나고 있다.

사리암邪離庵은 고려 초인 930년에 보양대사가 창건한 암자이다. 그후 조선 헌종 11년인 1845년 정암당 효원대사가 중창하였으며 다시 1924년과 1935년에 중수하였다.

이곳은 나반존자의 기도처로 널리 알려져 있다. 나반존자는 석가모니부처님 열반 후 미륵부처님이 세상에 나타나기 전까지 중생제도의 원력을 세우고 천태산에서 홀로 선정을 닦아 성인이 되었다고 한다.

1 운문사 사리암
2 천태각
3 천태각 나반존자

영남지역 순례

불교계 일각에서는 나반존자를 복을 주고 재앙을 없애며 소원을 들어줄 수 있는 아라한의 한사람으로 보고 있다.

천태각 밑에 있는 사리굴에 관한 이야기가 전해져 오고 있다. 사리굴은 운문산 4굴의 하나로 이곳에 머무는 사람 수만큼 먹을 쌀이 나왔다고 한다. 한 사람이 머물면 1인분의 쌀이 나오고, 두 사람이 머물면 2인분의 쌀이 나왔다고 한다. 그러던 어느 날 많은 쌀을 나오게 하려고 구멍을 넓히자 그 뒤부터는 쌀 대신 물이 나왔단다. 우리 삶에서 욕심이 화를 부르는 경우를 경고해 주는 이야기로 부여 미암사의 '쌀바위 이야기'가 떠오른다.

관음전에서 참배 후 창가를 보니 한쪽 벽이 통유리로 되어있고, 통유리 너머로 천태각이 올려다보인다. 여느 적멸보궁의 모습이다. 이곳에서 천태각의 나반존자를 보면서 기도를 하게 된다.

관음전을 나와 사리굴 옆 좁고 가파른 계단을 오르니 두 사람 정도 설 수 있는 작은 전각인 천태각에 나반존자가 모셔져 있다. 아내와 함께 선 채로 참배를 하고 내려왔다. 그 옆으로 돌아가 산신각 참배 후 사리굴로 이동해 이곳에 모셔진 나반존자상 앞에서 자리를 잡고 108배를 하면서 기도를 했다.

이곳을 저녁에 찾는 불자들은 밤샘기도를 하고 새벽 3시부터 시작되는 새벽예불에 참여한단다. 아내에게 의향을 물으니 밤샘기도를 하고 가겠단다. 나는 새벽에 차를 운전해야 하므로 거사용 숙소로 이동해 잠을 청했다. 아내와 약속한 새벽 2시경 일어나 사리굴로 올라오니 아내는 밤샘기도 중이다.

운문사 입구 범종루

　아내와 함께 사리암을 조심스레 내려오는데 산속의 공기가 쌀쌀
하다. 40여 분을 내려오는 동안 새벽예불에 참여하고자 몇몇 사람들이
올라오는 것이 보인다. 사리암 주차장에서 2킬로미터 정도를 차로 달
려 운문사 입구 주차장에 도착했다.

　주변은 적막에 휩싸여 있다. 조심스럽게 운문사입구로 걸어가 절 문이
열리는 시간을 보니 4시 10분부터 저녁 8시까지이다. 다시 차로 돌아와
차 속에서 토막잠을 자며 범종루 누각의 출입문이 열리기를 기다렸다.

　산을 깨우는 범종소리를 듣고 차 밖으로 나와 범종루 누각으로 향
했다. 운문사는 여느 절처럼 첫 번째 문인 일주문과 두 번째 문인 사천
왕문이 별도로 없다. 절 동쪽으로 길게 이어진 학인스님들이 쌓았다는
담장을 걷다 보면 중간쯤에 범종루누각이 나온다.

　누각 꼭대기에 '호거산 운문사虎踞山 雲門寺'란 현판이 걸려 있다. 누각이
운문사의 일주문과 정문의 역할을 하고 있다. 누각의 2층에는 '범종루'

영남지역 순례

란 현판이 걸려 있고
법고, 운판, 목어, 운판
등의 사물이 자리하고
있다.

비로전 비로자나불상

몇몇 비구니 스님들
이 누각 위에서 번갈아
불전사물을 치고 있다.
지난 새해 첫날 새벽
순천 송광사에서 본 광
경이 떠오른다. 범종,
북, 운판, 목어를 몇몇 스님들이 번갈아 치는 모습과 소리를 눈과 귀에
담고 카메라에 담았다.

감로천이라는 샘물에서 시원한 물로 목을 축이고 조금을 더 걸으니
원응국사비가 있다. 고려중기의 원응국사 행적을 기록한 비로서 1145
년 정도에 건립되었으며 보물 제316호로 지정되어 있다.

비로전으로 향했다. 이 전각은 원래 대웅전으로 사용하던 곳이다.
조석예불을 드리는 주법당이었는데 공간이 협소해 많은 이들을 수용
할 수 없어 1995년에 대웅보전을 새로 짓게 되자 비로전으로 바꾸어 부
르게 된 것이다.

이 전각은 994년에 건립된 전각으로 보물 제835호로 지정되어 있다.
법당 안에는 경북유형문화재 제503호로 지정된 비로자나불좌상이 모
셔져 있다. 그리고 후불탱화로 비로자나삼신불회도가 봉안되어 있다.

법신 비로자나불, 보신 노사나불과 화신 석가모니불의 설법장면을 표현한 불화이다. 괘불에서만 보는 보관을 쓰고 연꽃을 든 노사나불을 묘사한 유일한 후불탱화라고 한다. 이 후불탱화는 보물 제1613호로 지정되어 있다.

예불 중인 스님과 함께 참배를 마치고 나오니 비로전 앞뜰 양쪽에 삼층석탑이 서 있다. 중심전각인 비로전원래 대웅전이 위치한 자리의 지세가 전복되기 쉬운 배 모양의 흉맥이라 하여 그 지세를 누르기 위해 양쪽에 탑을 세웠다고 한다. 구례 화엄사의 지세가 배의 모습이어서 사찰을 안정시키기 위해 배의 닻에 해당하는 대웅전 앞에 당간지주를 세운 것과 같은 이치인 것이다.

새벽예불이 시작된 대웅보전으로 부지런히 발걸음을 옮겼다. 운문사의 승가대학 학승들과 함께하는 예불에 참여하기 위해서이다. 대웅보전의 출입구에는 흰 고무신들이 가지런히 정렬되어 있다. 조심스레 법당 안을 들여다보니 스님들로 꽉 차 있다. 비집고 들어갈 틈이 안 보인다. 다른 전각을 돌고 나중에 참배하기로 했다.

비로전 옆의 작은 전각인 작압전으로 향했다. 이 전각은 운문사의 전신인 작갑사의 유래를 알게 하는 유일한 건물이다. 작압鵲鴨은 까치와 오리라는 뜻이다. 여기 전해 내려오는 이야기가 있다.

신라 말 고려 초에 보양대사가 이 절터를 찾아 중창할 때 까치 떼가 쪼고 있는 곳을 보고 절터 위치를 잡았단다. 절터에서 나온 벽돌로 작탑鵲塔이라는 전탑형식으로 절을 세우고 이름을 운문사의 전신인 작갑사로 했단다. 지금의 전각은 임진왜란 이후 현재의 모습으로 새롭게

영남지역 순례

지은 것이다. 전각 안으로 들어가니 중앙에 보물 제317호인 크기 63센티미터, 광배높이 92센티미터의 석조여래좌상이 모셔져 있다.

그 앞에는 양쪽으로 보물 제318호로 지정된 길이 1미터, 폭 30센티미터, 두께 15센티미터의 사천왕석주가 있다. 살펴보니 상고저를 든 증장천왕, 탑을 든 다문천왕, 불꽃을 든 광목천왕, 칼을 든 지국천왕 등이 석주형태로 모셔져 있다. 모두 두 발로 악귀를 밟고 손에 무기를 들

1 대웅보전 2 대웅보전 삼존불상

1 작압전 석주　2 작압전 석조여래좌상

고 몸에는 갑옷을 걸쳤다. 머리에는 모양이 다른 보관을 하고 있다. 운문사에 사천왕을 모시는 천왕문이 별도로 없는 이유를 아는 순간이다.

　　대웅보전으로 향하는 절마당 한가운데 사방이 탁 트인 건물로 우리나라 사찰건물 중 가장 큰 건물인 만세루가 있다. 누각은 강당으로 사용되는 전각인데 넓은 마당에 시원스레 자리 잡고 있는 모습이 맘에 쏙 들었다.

　　그러던 중 대웅보전에서 스님들이 예불을 끝내고 법당을 빠져 나와 줄지어 마당을 가로질러 강원으로 향하는 모습이 장관이다. 새벽에 이곳을 온 이유가 이 모습을 보기 위해서이기도 하였기에 설레는 마음으

영남지역 순례

로 열심히 카메라에 담았다.

이어서 대웅보전 오른쪽의 응진전·조영당으로 향했다. 1995년 전각을 새로 지을 때 전각 하나에 두 법당이 함께 있도록 했다. 응진전은 1851년 운악대사가 건립한 전각이다. 전각 안에는 석가모니불과 열여섯 분의 나한상을 모셔 놓고 있다. 조영당에는 원광국사 등 조사들과 운문사수호자들의 영정을 모셔 놓고 있다.

만세루 옆에는 '처진 소나무'로 알려진 천연기념물 제180호 나무가 서 있다. 주변의 힘이 가해지지 않은 상태로 옆으로 늘어져서 넓게 자라는 소나무인데 특이하다. 해마다 음력 3월 3일 막걸리 12말을 영양제로 부어 준다고 한다. 소나무에 막걸리를 부어 주는 것을 직접 해 보기도 했지만 12말이라니 그 양에 입이 딱 벌어진다.

이렇게 기쁜 마음으로 1박 2일에 걸친 사리암과 운문사 순례를 마치고 운문사를 빠져나오면서 시간을 보니 6시를 조금 넘긴 시간이다.

51

적멸보궁 대구
비슬산 용연사

용연사 극락전

운문사를 순례하고 나와 비슬산 용연사를 순례하기로 하고 대구大邱의 달성達城으로 향했다. 1시간 30분여를 달려 도착한 일주문에 '비슬산 용연사 자운문琵瑟山 龍淵寺 慈雲門' 현판이 걸려 있다.

천 년의 역사와 정취를 간직하고 있는 용연사는 신라 신덕왕 3년인 914년 보양선사寶壤禪師가 창건한 절이다.

전해 오는 이야기로는 보양선사가 중국에서 불법을 배우고 귀국하던 길에 바다의 용이 용궁에서 대사를 대접하고 아들 이목에게 모시고 가도록 하였단다. 보양선사는 이목에게 비를 내리게 하면서 지냈다고 한다. 용연사란 이름은 이처럼 용과 관련이 있고 절입구에 용추가 있어 용이 등천하였다는 데서 유래하였다.

그 후 조선 세종 1년인 1419년에 천일대사天日大師가 중건하였고, 임진왜란 때 소실된 것을 선조 36년인 1603년에 사명대사가 중건하였다. 영조 2년인 1726년 소실된 것을 영조 4년인 1728년 중건하여 오늘에 이르고 있다.

현재 용연사는 8대 적멸보궁에 속한다. 5대 적멸보궁은 양산 통도사, 설악산 봉정암, 영월 법흥사, 정선 정암사, 오대산 상원사이고, 8대 적멸보궁은 여기에 고성 건봉사, 선산 도리암 그리고 이곳 용연사가 속한다. 현재 대한불교조계종 제9교구 본사인 동화사의 말사이다.

일주문을 통과해 언덕길을 오르니 왼쪽으로 가면 적멸보궁이고 오른쪽으로 향하면 용연사 사찰이다. 먼저 적멸보궁부터 순례하기로 했다. 왼쪽으로 향하니 '비슬산 용연사 적멸보궁琵瑟山 龍淵寺 寂滅寶宮'이란 현판이 걸려 있는 일주문이 서 있다. 문을 통과해 계단을 올라 언덕에 다다르니 오른쪽에 전각들이 보인다.

자연석으로 만든 계단을 거쳐 돌과 흙으로 만든 담장을 지나 들어가니 '금강계단金剛戒壇' 현판이 걸려 있는 누각이 서 있다. 누각의 2층은 범종루이다. 누각을 누하진입하는데 양쪽 벽에 금강역사상이 모셔져 있다. 누각 밑의 계단 한가운데 참배객에게 '정숙ㆍ묵언'을 강조하는 표지판을 세워 분위기를 다잡는다.

'여기는 부처님 진신사리가 모셔진 적멸보궁입니다.
예경과 수행의 공간이오니 경내에서는
경건한 마음으로 참배해 주기 바랍니다.
발걸음도 조심조심…

절마당에 올라 뒤를 돌아보니 지나온 금강계단 누각 2층에 '보광루'란 현판이 걸려 있다.

절마당에 적멸보궁이 우뚝 서 있다. 적멸보궁은 보궁의 바깥이나 뒤

1 적멸보궁 일주문
2 적멸보궁
3 적멸보궁 금강계단

쪽에 사리탑을 봉안하고 있거나 계단戒壇을 설치하고 있다. 이곳은 통도사처럼 금강계단을 설치하고 석가모니 진신사리를 봉안하고 있다. 임진왜란 때 난을 피해 통도사에 있던 부처님 진신사리를 사명대사가 제자 청진을 시켜 금강산으로 모셔 가던 중 사리 1과를 이 절에 봉안한 것이다. 이 금강계단은 승려들에게 계를 수여하는 식장으로 승려의 득도식 등 여러 의식이 거행된다. 1673년에 완성된 것으로 통도사 금강계단을 본떠 만든 것이며 현재 보물 제539호로 지정되어 있다.

적멸보궁 안으로 들어가니 여느 적멸보궁의 법당처럼 불상이 없다. 금강계단을 향한 쪽으로 통유리로 된 창만 설치되어 있다. 경건한 마음으로 참배를 마치고 나왔다.

적멸보궁 기둥에 '공양물을 올리면 이런 복덕을 짓습니다'라는 제목의 글이 붙어 있다.

'법공양 무량복덕, 불전금 복덕구족,
쌀공양 오복재물, 초공양 업장소멸,
떡공양 원만성취, 미역공양 자손창성,
국수공양 무병장수, 과일공양 안과태평'

이 글을 읽으며 무작정 공양하지 말고 공양물의 의미를 알고 하면
좋겠다는 생각을 해 본다.

적멸보궁 순례를 마치고 다시 산길을 내려와 용연사 사찰 쪽으로 향
했다. 극락교를 건너 돌계단을 오르니 천왕문이 서 있다. 통로 양쪽에
사천왕상 그림이 모셔져 있다. 이곳을 통과해 걸으니 '안양루'란 현판
이 걸려 있는 누각이 서 있다. 누각 밑으로 누하진입하는데 통로에 눈
길을 끄는 글귀가 붙어 있다.

'만족할 줄 아는 것이
제일 부자라네'

절마당으로 올라가니 중심전각인 극락전이 아담한 모습으로 서 있다.
법당 안에는 서방정토 극락세계의 주인이신 아미타불을 주불로 그 좌
우에 관세음보살과 대세지보살이 협시보살로 모셔져 있다. 이들 불상
은 목조아미타여래삼존불상으
로 1655년에 화승 도우가 주도
해 만든 것으로, 그 가치가 인

안양루

정되어 보물 제1813호로 지정되어 있다.

참배를 마치고 밖으로 나오니 극락전 앞에 삼층석탑이 있다. 높이 3.2
미터의 탑으로 이중기단 위에 탑신과 옥개를 각각 하나의 돌로 세운 고
려시대의 화강암석탑이다. 대구 문화재자료 제28호로 지정되어 있다.

극락전 옆의 영산전으로 발걸음을 옮겼다. 법당 안이 불자들로 만원
인데 모두 함께 "나반존자"를 염송하고 있다.

나반존자정근은 신통력이 능하여 열심히 기도정진하면 영험을 속
히 볼 수 있다고 한다. 그래서 많은 이들이 운문사 사리암과 이곳 영산
전의 아라한들 앞에서 나반존자를 염송하면서 기도 중인 것 같다.

법당에 들어가지 못하고 바깥에서 참배한 후 이른 아침의 상쾌한 마
음으로 용연사 순례를 마치고 절을 빠져 나왔다.

1 용연사 극락전 2 극락전 목조아미타삼존여래불상

52

고즈넉한 고찰
문경 김룡사

김룡사 중심 법당

영주에서 숙박을 한 후 아침 일찍 구인사 근처의 소백산 자연휴양림을 2시간여 오르내린 후 단양에서 동행한 신현정교수 부부와 더덕정식으로 점심을 먹고 헤어졌다. 아내와 함께 경북 문경閘慶의 김룡사를 순례하기로 하고 낯선 고개를 넘고 넘어 달렸다.

　　어렵게 도착한 김룡사 일주문에 '운달산 김룡사雲達山 金龍寺'현판이 걸려있고 그 위에 홍하문紅霞門 편액이 걸려 있다. 일주문 양기둥에 걸린 주련에 눈길이 간다.

> 입차문내 막존지해入此門內 莫存知解 이 문에 들어오거든 알음알이를 버려라
> 무해공기대도성만無解空器大道成滿 알음알이 없는 빈 그릇이 큰 도를 이루리라

　　어느 스님의 법문 중에 "머릿속을 많이 비우도록 하시고, 마음의 그릇을 크게 만들어 많은 축복의 비를 담도록 하세요"란 말이 새삼 떠오른다.

　　김룡사金龍寺는 신라 진평왕 10년인 588 운달조사雲達祖師가 창건하고

운봉사라 이름했다, 이후 조선 후기에 명칭이 김룡사로 바뀌었다.

김룡사로 이름이 바뀐 사연과 관련해 전해 오는 이야기가 있다. 김씨 성을 가진 사람이 나라에 죄를 짓고 이곳 운봉사 아래에 피신하여 숨어 살면서 불자 여인을 만나 지극정성으로 불전에 참회하더니 결혼해 가정을 이루고 아들을 낳아 이름을 용이라 하였다.

그 이후부터 가운이 일어 그는 크게 부유해졌다. 사람들은 그를 김장자라 하였고, 이로 인하여 동리 또한 김룡리라 하였으며, 운봉사 역시 김룡사라 바꾸게 되었다는 이야기이다. 이 이야기를 따른다면 최소한 17세기 이후에 김룡사란 이름을 갖게 된 것으로 추정한다. 지금의 사찰모습은 조선 인조 2년인 1624년 혜총선사慧聰禪師가 제자들과 함께 이룩하였다. 그 후 인조 21년인 1643년 소실된 것을 인조 27년인 1649년에 의윤義允·무진無盡·태휴太休의 3선사가 옛 모습으로 되살려 놓았다. 번창할 때는 48동에 건평 1,188평에 이르렀다고 한다.

1997년의 화재로 대웅전 이외의 많은 전각이 소실되었다가 그 후 복원되어 오늘의 모습을 갖추고 있다. 현재 대한불교 조계종 제8교구 본사인 직지사의 말사이다.

일주문을 지나 펼쳐지는 전나무 숲길을 걸어 오르니 아름다운 모습의 보장문이 있다. 문 양쪽에 금강역사상 그림이 모셔져 있다. 문을 통과하니 사찰의 전체적인 모습이 한눈에 들어온다.

아래쪽에는 100여 년이 넘은 해우소가 있다. 궁금하기도 해 다가가 보니 이곳은 '근심을 푸는 곳'이란 문패가 붙어 있는 전통적인 화장실이다.

천왕문에 들어서니 양쪽으로 험상한 모습의 사천왕상이 서 있다. 사

1 보장문
2 천왕문 사천왕상

천왕의 명칭과 역할에 대한 설명이 독특하다. 남방증장하느님은 사람들에게 선근을 증장시켜 복을 내려 준다. 서방광목하느님은 말과 행동과 뜻을 나쁘게 행하는 사람에게 벌을 준다. 동방지국하느님은 사람들에게 용기와 지혜와 희망을 준다. 북방다문하느님은 많은 야차귀신을 거느리고 부처님 도량을 지키면서 설법을 듣는다.

　왼쪽으로 범종각이 서 있다. 다가가 보니 범종각 안에 '봉명루鳳鳴樓'란 편액이 걸려 있다. 봉명루란 '봉황이 우는 상서로운 다락'을 의미한다. 범종의 장엄한 소리를 상서로움을 상징하는 봉황의 소리로 표현한 편액이 이채롭다.

　가파른 계단을 올라 절마당으로 들어갔다. 왼쪽은 설선당으로 스님들의 선방이다. 앞면 아홉 칸 측면 여섯 칸인 팔작지붕의 복합건물로 ㄷ자형의 구조로 되어있다. 자료를 보니 옛날에는 경흥강원으로 근대 불교의 선지식을 배출한 곳이다. 역대 종정을 지낸 성철, 서암, 서옹 등

1 대웅전 2 영산회괘불도 3 아미타여래좌상의 익살스런모습

고승들이 머물면서 수행을 했던 곳이기도 하다. 이 선방의 온돌로 된 큰 방의 아궁이는 어린아이가 걸어 들어갈 정도로 크다고 한다.

중심법당인 대웅전을 바라보니 소나무 숲이 병풍처럼 둘러 있다. 인조 26년인 1648년에 의윤스님 등에 의해 지어졌으며 이후 영조 3년인 1727년에 중건된 전각이다. 앞면 세 칸, 측면 세 칸 규모의 전각으로 지붕은 팔작지붕의 다포계 건물이다. 현재 경북 문화재자료 제235호로 지정되어 있다.

법당으로 들어가니 목조석가여래좌상을 주불로 그 좌우에 아미타

영남지역 순례

불과 약사여래불이 모셔져 있다. 인조 27년인 1649년에 설잠대사가 조성한 이 불상은 규모가 웅대하다.

법당의 삼존불 뒤쪽으로 가면 영산회괘불도가 보관되어 있다. 1703년에 조성된 것으로 세로 947센티미터 가로 702센티미터의 크기를 지닌 괘불탱으로 보물 제1640호로 지정되어 있다. 지금은 친견할 수 없지만 축소된 모습의 괘불탱이 벽에 걸려 있다. 화면 중앙의 석가모니불을 중심으로 문수와 보현보살을 비롯한 8대보살, 10대 제자, 화불, 범천, 제석천, 용왕, 사천왕, 팔부중 등이 좌우대칭으로 질서정연하게 배치된 영산회상도이다.

절마당에는 대웅전을 바라보고 2개의 노주석이 서 있다. 여느 절에서는 석등으로 밤에 불을 밝히나, 이곳에서는 노주석으로 밤에 관솔불을 피워 마당을 밝히는 것이다.

절 뒤의 언덕으로 올라가니 3층석탑과 석불입상이 있다. 절 앞쪽이 아닌 뒤쪽에 세운 것이 궁금하다. 김룡사 석불입상은 숙종 35년인 1709년 김룡사의 지맥을 비보하기 위해 풍수지리적으로 모셔 놓은 미륵불로 추정된다. 경북 문화재자료 제655호로 지정되어 있다.

극락전으로 향했다. 1745년에 건립된 앞면 세 칸과 측면 한 칸의 맞배지붕으로 만들어진 전각이다. 안으로 들어가니 조선 후기에 조성된 아미타여래좌상과 1822년에 조성된 신중탱화가 모셔져 있다. 아미타불의 모습이 조금은 독특하다. 여느 극락전의 근엄한 모습의 부처님 모습이 아니다. 땅딸보처럼 익살스런 친근한 모습을 하고 있다. 참배하고 밖으로 나오니 기둥의 주련이 눈에 들어온다.

무량광중화불다無量光中化佛多 한량없는 빛 가운데 수많은 부처님

앙첨개시아미타仰瞻皆是阿彌陀 모두 다 아미타부처님을 우러러보네

응신각정황금상應身各挺黃金相 응당 몸으로 나투신 부처님은 황금빛 모습

보계도선벽옥라寶髻都旋璧玉螺 보배상투 그 모두가 벽옥을 감아 두르셨네

극락전 옆에 금륜전이 있다. 독성각과 산신각 편액이 같이 붙어 있어 여느 절의 삼성각에 해당하는 전각이다. 1889년에 경허스님에 의해 건립되었다고 한다. 안으로 들어가니 치성광여래좌상을 비롯하여 후불탱화, 독성탱화, 산신탱화가 모셔져 있다.

가람의 북쪽 끝에 있는 응진전으로 발걸음을 옮겼다. 숙종 34년인 1708년에 건립된 앞면과 측면이 세 칸인 전각이다. 법당에는 현재불인 석가모니불을 중심으로 그 좌우에 과거불인 제화갈라보살과 미래불인 미륵보살이 모셔져 있고 다시 그 좌우로 석조16나한좌상과 제석천 2구, 사자 2구 등 모두 20구의 불상이 모셔져 있다. 복장유물에서 나온 발원문에 따르면 나한상은 숙종 35년인 1709년에 석가삼존상과 함께 조성된 것이다. 이 석조16나한좌상 일괄은 경북유형문화재 제512호로 지정되어 있다.

이렇게 35도를 오르내리는 폭염 속에서 김룡사 순례를 마치고 샘물터에서 물 한 바가지 들이키며 하늘을 보니 구름 한 점 없는 날씨이다. 운달산 동쪽 산록계곡의 완만한 사면에 위치한 가람의 모습이 파란 하늘과 소나무 숲과 잘 어울린다는 생각을 하며 절을 빠져 나왔다.

53

참선도량
문경 대승사, 윤필암

국보 목각아미타여래설법상

김룡사 순례 후 이곳에서 멀지 않은 곳에 있는 대승사로 향했다. 지난해 가을 영주 부석사를 다녀오다가 방문했던 곳이지만 그 당시 늦은 오후여서 아쉬움이 있었던 터라 이번에 다시 방문하고자 했다.

20여 분 차로 달려 사불산 산속으로 접어들었다. 가파른 산길을 올라가는데 사방이 소나무와 전나무숲이다. 청량한 산공기를 마시고 싶은 생각에 차 창문을 열고 심호흡을 하니 머리가 맑아진다. 얼마를 오르니 갈림길 입구에 오른쪽 대승사, 왼쪽 윤필암 표시가 있는 이정표가 나온다.

먼저 대승사로 향했다. 대승사大乘寺 창건에 관한 기록은 이렇다. 신라 진평왕 9년인 587년에 하늘에서 비단보자기에 싸인 큰 돌이 공덕봉 중턱에 떨어졌는데 사면에 불상이 새겨진 사불암이었다. 왕은 소문을 듣고 그곳에 와서 예배하고 절을 짓게 하고 '대승사大乘寺'라 사액하였다고 한다.

임진왜란 때 전소된 뒤 선조 37년인 1604년부터 숙종 27년인 1701년까지 중창이 이루어졌다. 영조 원년인 1725년 의학대사가 삼존불상을 개금하면서 아미타불 복장에서 부처님 사리 1과와 성덕왕 4년인 705년 개명의 금자화엄경 7권이 나왔다.

1956년 실화로 거의 전소된 것을 최근에 복구하여 현재는 참선도량으로 명성이 높다. 현재 대한불교 조계종 제8교구 본사인 직지사의 말사이다. 부속암자로는 고려말 유명한 나홍선사의 출가도량이었던 묘적암을 비롯하여 반야암, 윤필암, 상적암이 있다.

사찰 주차장에 도착하니 깊은 산속임에도 넓은 평지가 전개되고 있는 곳에 절이 있다. 오랜 세월을 버텨 온 은행나무가 일행을 제일 먼저 반긴다.

'사불산 대승사四佛山 大乘寺'라는 편액이 걸려 있는 일주문이 서 있다.

일주문 통과 후 뒤를 보니 일주문에 불이문不貳門 편액이 걸려 있다. 여느 절에서는 불이不二라고 쓰어 있는데 이곳은 불이不貳라고 되어있다.

왼쪽에 오래된 삼층석탑을 보면서 경사진 언덕길을 오르니 백련당이다. 문 위에 '나를 위한 행복여행 대승사 템플스테이'라는 글귀의 현수막이 붙어 있다. 언제 한번 이곳에서 템플스테이를 하면 좋겠다는 생각을 하며 문 안으로 들어갔다.

만세루라는 누각이 나온다. 누하진입樓下進入하여 절마당으로 올라가는데 누각 밑 통로에 글이 새겨진 기와장이 놓여 있다.

'여러 가지 재물을 얻으려거든
'옴바아라 바다리 홈바닥'의 진언을 외우라.
여러 가지 불안 속에서 평안을 얻으려거든
'움 가리나라 모나라 홈바닥'진언을 외우라.'

절마당으로 올라가니 정면에 중심전각인 대웅전이 웅장하게 보인다.

1 대승사 전경 2 대웅전

대웅전 앞에 노주석이라는 돌기둥 두 개가 양쪽에 놓여 있다. 불우리 또는 회사석이라고도 부르는데 야간법회 때 주위를 밝히는 석등의 일종이다. 이미 다녀온 김룡사 등의 절에서도 볼 수 있었다. 이곳의 노주석은 조선시대 영조 5년인 1729년에 제작된 것으로 경북 유형문화재 제407호로 지정되어 있다.

법당에는 석가모니불을 주불로 그 좌우에 문수보살과 보현보살을 모셔 놓고 있다. 삼존불 뒤에는 목각아미타여래설법상이 있다. 불화와 조각을 절묘하게 조합해 나무로 만든 탱화로서 목각탱이라고 부르기도 한다. 이 목각탱은 1675년에 제작된 것으로 조선 후기 목각아미타여래설법상 가운데 가장 규모가 크고 오래된 것이라고 한다. 대단한 장인의 노력이 배어 있다는 생각이 드는 이 목각탱은 2017년 8월 국보 321호로 지정되었다.

대웅전 참배를 마치고 삼성각을 거쳐 나한을 모신 응진전으로 향했다. 전각에 나한을 몇 명을 모시느냐에 따라 전각명칭이 달라지는데 16나

영남지역 순례

한을 모신 경우를 응진전이라고 한다. 응진전에는
석가모니불을 중심으로 그 제자 등 나한에 이른 이들
이 봉안되어 있다.

관음전으로v 발걸음을 옮겼다. 법당으로 들어가
니 주불로 아미타여래좌상을, 그 좌우에 협시불로
관세음보살좌상과 대세지보살좌상을 모셔 놓고 있
다. 이곳의 금동아미타여래좌상은 고려 충렬왕 27년

관음전 금동관음보살상

에 제작된 것으로 고려 중기 불상의 모습을 보여 주고 있다.

전체 높이 90센티미터의 관세음보살좌상은 중종 11년 이전인 15세기
에 조성된 것으로 추정된다. 보물 제991호로 지정되어 있다. 머리에 화
려한 보관을 썼으며, 양쪽 귀에 걸친 보발은 여러 가닥으로 흩어져 어깨
를 덮고 있다. 영락장식이 가슴, 배, 양쪽 무릎 등에 걸쳐있어 화려하다.

찾아오기 쉽지 않은 곳에 있는 대승사를 순례하고 나서 사불산四佛山을
배경으로 자리하고 있는 윤필암을 순례하기로 하고 절을 빠져 나왔다.
윤필암은 대승사에서 산길로는 1킬로미터 떨어진 곳에 있으며 걸어서
25분 정도 걸린다고 한다. 차를 갖고 윤필암에 도착하니 몇몇 비구니
스님들이 공양을 끝내고 담소를 즐기고 있다.

윤필암潤筆庵은 대승사의 부속암자이다. 고려 우왕 6년인 1380년
에 각관覺寬이 창건했다. 그 후 1645년에 서조瑞祖와 탁잠卓岺이 중건
하였다. 이후 방치되다가 1980년에 전각들을 새로 세우고 비구니 도량
으로 운영되고 있다. 윤필암이란 이름은 원효와 의상이 각각 사불산의
화장사와 미면사에서 수행할 때 의상의 이복동생인 윤필이 여기에 머

물렀다 하여 이름 지었다고 한다.

　절마당으로 들어가니 왼쪽 언덕 위에 사불전이 눈에 들어온다. 계단을 통해 사불전四佛殿으로 올라가 참배를 하기로 했다. 법당 안으로 들어가니 여느 절처럼 불상이 모셔져 있지 않다.

　법당에는 부처의 삼존불이 없는 대신 뒤쪽으로 커다란 통유리로 된 창만 하나 있을 뿐이다. 법당의 통유리창문을 통해 사불산 정상에 있는 사면석불을 향해 참배하게 되어있다.

　안내글을 보니 사불산에 있는 사면석불은 높이 3.4미터, 폭은 2.3미터에 이르는 암석 4면에 새겨 놓은 석상이다. 동쪽은 약사여래불, 서쪽은 아미타여래불, 남쪽은 석가여래불, 북쪽은 미륵여래불이 새겨져 있다고 한다. 독특한 형태의 모습이다. 법당 통유리창을 통해 참배하고 사불산의 꼭대기를 바라보니 조그마한 석불이 눈에 보인다.

　사불전 뒤에는 고려 시대의 것으로 추정되는 3층석탑이 서 있다. 전체적으로 통일신라시대 석탑양식에 고려시대 석탑의 특징이 가미된 석탑이다.

　계단을 내려오니 조그만 연못이 있다. 오래전 한여름에 방문했을 때 이곳 연못 주변이 온통 각종 꽃들로 장식되어 있는 가운데 매우 깔끔하여 좋은 인상이 각인되어 있던 암자이다. 아마도 비구니 수행도량이어서인가 하는 생각을 했었다. 고요한 산사의 분위기를 만끽하고 있는데 나이 지긋한 스님이 빗자루를 들고 절마당을 정성스레 쓸고 계신다. 그 모습을 보면서 관음전으로 들어가 참배를 하고 나왔다.

사불전에서 바라본 사불암

작년에 이어 다시 찾은 대승사와 윤필암을 순례하면서 사불산을 다녀오고 싶어졌다. 아내와 함께 차에서 등산용 스틱을 꺼내 들고 산길을 오르기 시작했다.

대승사 1킬로미터란 안내표지목을 보면서 400여 미터를 5분여 오르니 오른쪽으로 대승사 600미터, 왼쪽으로 사불암400미터 안내표지판이 서 있다. 왼쪽의 가파른 계단 길을 10여 분 오르니 사면석불이 눈앞에 모습을 드러낸다.

오랜 비바람에 풍화되어 석불의 자세한 모습은 볼 수가 없었다. 안내글을 보니 이렇게 사면에 부처를 새김으로써 부처님 눈으로 보이는 사방의 땅이 모두 불국토임을 알려주는 상징이란다. 이곳저곳의 사면석불의 모습을 눈과 마음에 담고 인증샷을 만든 후 윤필암 쪽으로 내려왔다.

깊은 산속이어서인지 청량한 산사의 공기가 폐부를 시원하게 해 주며 머리가 맑아진다. 무사히 사찰순례를 마무리할 수 있었음에 부부는 서로 덕담을 주고받으며 어둡기 전에 산길을 벗어나고자 부지런히 절을 빠져 나왔다.

54

문수기도도량
하동 칠불사

칠불사 일주문

전날 순천에서 만난 '좋은 만남' 일행과 고흥지역을 지나 소록대교를 건너 슬픈 역사가 서려 있는 소록도의 이곳저곳을 방문했다. 너무 늦게 방문했다는 자책을 하면서 순천으로 돌아와 남도음식인 한정식을 먹고 광양으로 이동해 숙박했다.

아침 식사 후 이곳에 사는 이중구 박사의 안내를 받으며 구봉산 전망대로 향했다. 깊은 계곡을 따라 산을 올라 차를 주차하고 걸어서 전망대에 도착해 보니 광양만의 모습이 한눈에 들어온다. 일행인 이박사의 전공을 바탕으로 한 특이한 설명이 더해지면서 상전벽해의 광양만을 만든 이들의 모습이 떠오른다.

이어서 하동河東의 화개장터를 거쳐서 칠불사를 순례하고 구례구역 쪽으로 이동하기로 했다. 경상도와 전라도를 가로지르는 경계지역의 편의점에서 잠시 쉬면서 체력을 보충했다. 아름다운 섬진강 길을 따라 풍광을 즐기며 달리다 보니 화개장터가 나온다. 이곳 장터를 둘러보고 계곡을 따라 조성된 쌍계사 벚꽃십리길을 지나 20여 분 오르면 칠불사에 도착한다.

칠불사는 지리산 반야봉 남쪽 쌍계사 북쪽 30리에 있는 사찰이다. 쌍계사를 지나 오르는 산길이 만만치 않다. 오르다 보니 신흥동 계곡

갈림길에 '칠불사 5킬로미터' 이정표가 나온다. 왼쪽길로 계속 오르니 '지리산 칠불사智異山 七佛寺'란 현판이 걸려 있는 일주문이 서 있다. 조금을 더 오르니 절마당에 '동국제일선원東國第一禪院'이란 현판이 걸린 누각이 눈에 들어온다.

　칠불사七佛寺는 언제 창건되었는지 확실하지 않다. 가락국 수로왕의 일곱 왕자가 창건하였다는 설만 전해진다. 가락국 수로왕에게 아들이 10명 있었다. 그 가운데 1명은 태자가 되고, 2명은 어머니인 허황후의 성씨를 잇게 하였다. 나머지 7명은 속세와 인연을 끊고 외삼촌인 장유 보옥화상을 스승으로 모시고 출가하여 가야산·수도산·와룡산·구동산을 거쳐 칠불사에 정착하였다. 일심으로 정진한 지 6년만에 깨달음을 얻고 성불하였다.

　김수로왕은 칠불의 스승이신 문수보살의 상주도량인 이곳에 대가람을 창건하고 불법을 크게 흥하게 하였다. 신라 효공왕 대에는 담공선사曇空禪師가 아자亞字형의 2층 온돌방 형태로 축조한 벽안당 선실이 동국 제일도량으로 널리 알려졌으며, 문수동자의 화현설화 등 많은 설화와 함께 무수한 도인을 배출하였다. 고려의 대선사인 청명화상淸明和尙을 비롯하여 조선 중종대의 추월秋月 조능선사祖能禪師 등이 대표적이다.

　특히 조능선사는 벽송 지엄조사의 제자로서 용맹정진으로 큰 힘을 얻은 분이다. 조능선사는 평생을 눕지 않고 정진했다고 전해진다. 밤중이 되면 돌을 짊어지고 수행하되, 쌍계사까지 가서 '육조정상탑'전에 참배 발원하고 돌아오는 고행을 함으로써 졸음을 쫓고 수행자가 통과해야 할 관문을 타파하였다고 한다. 지금도 그 석괴가 남아 있어 수행

영남지역 순례

승들의 경종이 되고 있다. '게으르고 나태한 사람은 죽음에 이르고 애써 노력하는 사람은 죽는 법이 없다'는 법구경이 떠오른다.

칠불사는 선조 1년인 1568년 부휴선사浮休禪師, 그리고 순조 30년인 1830년 금담金潭과 그 제자 대은大隱이 중창하였다. 1949년 지리산 전투의 참화로 완전소실되어 오랜 기간 재건되지 못하였다.

1965년 이후 제월통광화상이 행각을 하다가 잿더미가 된 유적을 보고 중창복원을 기약하며 발원하였다고 한다. 1978년 이후 20여 년 이상에 걸친 복원사업을 거쳐 오늘의 모습을 지닌 가람이 되었다. 현재 대한불교조계종 제13교구 본사인 쌍계사의 말사이다.

긴 계단을 올라 '보설루' 누각으로 향했다. 계단 중간 왼쪽의 샘물터에서 샘물을 마시며 사찰을 감상했다. 누각을 누하진입해 통과하는데 기와불사를 하고 있다. 무인함에 보시한 후 기와에 '맛있는 삶의 사찰기행, 좋은 만남 일행 FOREVER'란 글을 남겼다.

절마당으로 들어가니 왼쪽에는 칠불사의 대표적인 전각인 아자방亞字房이 있다. 지금 세계문화유산 등재를 준비하느라 보수 중에 있다. 안타깝지만 20여 년 전 이곳에 왔던 기억으로 대신하고자 했다.

신라 효공왕 대에 이르러 담공선사가 벽안당 선실을 아자亞字형의 2층 온돌방으로 축조하였는데, 이것이 유명한 아자방亞字房이다. 아亞자 모양으로 놓은 구들은 한번 불을 지피면 100일 동안 보온이 되었다고 한다. 아자방은 길이 8미터의 이중온돌방구조로 되어있다. 방 안 네 모퉁이와 앞뒤 가장자리 높은 곳에서는 좌선을 하고, 십자형으로 된 낮은 곳에서는 좌선하다 다리를 풀었다고 한다.

1 동국제일선원의 편액이 걸린 보설루
2 아자방 내부
3 아자방 편액

마당 정면에 중심전각인 대웅전이 서 있다. 법당 안으로 들어가니 석가모니불을 주불로 그 좌우에 협시보살로 보현보살과 문수보살이 모셔져 있다. 법당보살에게 도움을 청하니 자세히 설명해 준다. 문수보살과 보현보살은 상호가 같은데 손에 들고 있는 꽃송이의 모습으로 구분한다. 문수보살은 지혜를 상징하는데 지혜는 활짝 열려야 되므로 활짝 핀 꽃을 들고 있다. 반면에 행동을 상징하는 보현보살은 행동은 신중해야 하므로 반쯤 핀 꽃송이를 들고 있다.

법당 내의 삼존불상뿐 아니라 삼존불 뒤의 후불탱과 옆벽의 신중탱도 모두 은행나무로 조성되었다고 한다. 문경 대승사 대웅전의 국보인 목각탱을 마주하는 듯 예사롭지 않다. 설명을 들으니 3명의 조각가가 참여하여 만들었다고 한다. 그중 2명은 작업이 끝난 후 스님이 되었고, 한 명은 교수로 재직 중이란다.

영남지역 순례

1 대웅전과 문수전 2 대웅전 삼존불상과 목각후불탱

　대웅전을 나와 그 옆의 문수전으로 향했다. 법당 안에는 문수보살좌
상이 모셔져 있다. 이곳 칠불사가 문수보살이 화현한 곳이어서 문수보
살을 모셔 놓은 문수전이 있다.

　구름 위의 집이라는 뜻의 운상원은 칠불사 골짜기가 구름바다가 될
때 이곳이 구름 위에 드러나므로 운상원이라고 했다고 한다. 장유화상
이 일곱 왕자를 공부시킨 곳이라고도 하고, 거문고 명인 옥보고가 이곳
에서 거문고를 연구했다는 전설도 있다.

　설선당은 강설과 참선을 하는 곳이다. 한쪽에는 원음루가 있다. 여
느 절의 종각에 붙여진 이름이다.

이렇게 절마당을 둘러싼 아담하게 배치된 전각들을 참배하고 다시 보설루 누각 밑으로 내려와 명진스님의 관음보살도 개인전을 둘러보고 나왔다.

칠불사 순례의 마지막으로 절에 들어오면서 지나쳤던 영지影池를 보고자 했다. 천비연로天飛淵路길 옆에 있는 영지는 1세기경 시조 김수로왕 부부와 일곱왕자의 전설이 서린 연못이다. 가락국의 시조인 김수로왕의 허황후는 일곱 아들이 성불하였다는 소식을 듣고 아들들이 보고 싶은 마음에 칠불사를 찾아가 만나기를 청하였다.

그러나 불법이 엄하여 사찰 안으로 들어가지도 못할 뿐만 아니라 만날 수도 없었다. 몇 날을 기다린 허황후는 아들의 얼굴만이라도 보기를 청하자, 일곱 아들은 직접 만날 수는 없고 사찰 앞에 있는 연못에 그림자를 비추어 어머니 마음을 위로하였다. 그래서 칠불의 그림자가 비친 연못이라고 하여 영지影池라고 하였단다. 크지 않은 동그란 연못 속에는 그 전설을 아는지 모르는지 자유롭게 금붕어들이 물속을 노닐고 있다.

"금붕어야, 너희들은 2000년 된 이곳의 전설을 알고 있냐?" 이런 생각을 하면서 명상의 길을 따라 일주문으로 내려왔다.

영지

Epilogue

　사찰은 승려들이 거주하면서 수도하고 설법하는 공간이다. 우리나라의 사찰은 저마다 한국불교만이 갖는 깊은 역사성을 지니고 있고, 불교적 사상과 의식이 있고, 독특한 산사생활과 사찰문화를 종합적으로 갖추고 있다.

　단순 일반인 방문객이 아닌 불자 순례자로서 2년에 걸쳐 발품을 팔아 사찰순례를 하면서 사찰과 더욱 친해지게 되었고, 직접 보고 듣고 느끼며 배우는 즐거움도 컸다. 이와 함께 사찰마다 사찰과 신도들 간에 소통수준의 격차가 크다는 것도 알게 되었다.

　지금은 어떤 시대인가? 소통의 시대이다. 시대의 흐름에 맞추어 사찰과 불자가 충분히 소통해 불교를 즐길 수 있도록 해야 한다. 사찰순례를 끝내면서 "어떻게 해야 불교를 즐길 수 있을까?"를 생각해 보았다.

　먼저, 최근에 한자반야심경을 풀어 놓은 한글반야심경이 법회에 사용되면서 내용을 음미하며 즐길 수 있게 되었다. 그러나 많은 절의 법당에서 본 법회집은 한자를 한글로 음역해 놓은 경전으로 신도들과 소통하려 하고 있다. 경전을 읽더라도 무슨 내용인지도 모르고 읽게 된다. 좋은 내용임에도 불구하고 내용을 제대로 이해하지 못해 즐거움이 반감될 수밖에 없다. 화성 신흥사는 이미 사찰 법회집을 완전 한글로 쉽게 풀어서 제작해 신도들이 경전의 내용을 쉽게 이해할 수 있고 즐길 수 있도록 해 놓았다. 이제는 모든 사찰에서 한글로 쉽게 풀어 놓은 사찰 법회집을 갖고 신도들과 소통하면 어떨까?

다음으로, 사찰에 도착하면 각종 전각과 탑, 석등 등에 대한 안내문을 통해 사찰에 대한 정보를 갖고 법당 안으로 들어가게 된다. 방문했던 상당수의 법당에는 불상이나 탱화 등에 대한 아무런 설명이 없어 참배하면서도 그에 대한 정보부족으로 바로 마음에 감동이 오지 않았다. 서울 진관사나 의성 고운사의 경우 법당 안의 불상이나 탱화에 대한 설명이 되어있어 마음에 와닿았다. 법당 내 불상과 탱화 등에 대한 친절한 설명으로 참배객에 대한 배려가 필요하다는 생각을 한다.

셋째로, 사찰순례를 하면서 종무소에서 자료를 얻고자 하면 많은 사찰의 경우 제대로 된 홍보물이 없어 방문객에 대한 배려가 부족하다는 생각에 조금 안타까웠다. 오대산 상원사에서 본 리플렛이나 소책자처럼 활자화된 사찰소개 책자가 있다면 좋겠다는 생각을 했다. 더 나아가 사찰의 특징을 소개하는 책자를 만드는 것도 필요하다. 이미 출간한 『맛있는 삶의 사찰기행』과 이번에 출간한 『행복한 삶의 사찰기행』은 그런 의도를 반영하여 만들었다.

넷째로, 인터넷 등의 발달로 직접 발품을 팔지 않더라도 정보검색을 통해 불교와 사찰을 이해할 수 있게 되었다. 그러니 스님과 얼굴을 맞대고 대화하는 방식만을 소통의 양식으로 고집할 필요가 없다. 소통의 시대에 걸맞게 녹음물, 영상물이나 인터넷 등 다양한 매체를 적극적으로 널리 활용해 흥미를 유발하고 즐길 수 있도록 노력을 해야 한다.

다섯째로, 많은 사찰에서 다양한 템플스테이 프로그램을 운영하고 있다. 참가자들은 경건한 마음으로 공부도 하고 마음을 다잡고 힐링도 할 수 있다. 내 경험으로는 불교와 사찰을 이해하고 마음을 다스리는 데 템플스테이가 많은 도움이 되었다. 많은 사람이 템플스테이 프로그램에 참여해 불교를 이해하고 행복을 찾을 수 있도록 적극적인 홍보와 운영이 필요하다. 더 나아가, 불교대학 프로그램 운영을 활성화시켜야 한다. 나는 불교대학에 다니면서 불교를 체계적으로 공부함은 물론, 동문들 모임을 통해 도반들과 어울려 즐길 수 있어 사찰생활의 재미가 더해졌다.

여섯째로, 사찰 내에 합창단, 거사모임, 지역불자모임 등 여러 가지 봉사를 담당하는 몇몇 신행단체들을 만들어 신도가 소속감과 즐거움을 갖고 사찰과 소통할 수 있도록 해야 한다. 아울러 산사음악회, 성도재일축제, 자비실천모임 등의 사찰과 신도가 함께 소통하며 즐길 수 있는 이벤트를 활성화시켜 경전의 내용을 생활 속에서 실천할 수 있도록 해야 한다.

마지막으로, 많은 사찰의 경내를 걷다 보면 곳곳에 법구경을 적어 놓아 이를 읽으면서 생활의 지침으로 삼을 수 있었다. 화성 신흥사의 경우 교화공원 곳곳에 세워 놓은 글귀들을 보고 읊조리면서 건강한 마음을 갖도록 다짐하기도 한다. 남양주 불암사나 용인 법륜사의 경우 경내 나뭇가지에 좋은 글귀들을 담은 예쁜 종이를 걸어 놓아 읽으며 느끼는 재미가 있었다. 그러니 사찰순례를 하게 되는 경우, 여유를 갖고 곳곳에 걸려 있는 좋은 글귀를 읽으며 마음의 보약으로 삼도록 하면 좋을 듯하다.

108사찰 순례를 마무리하기까지에는 인연을 맺었던 많은 분의 도움이 있었다. 법문을 통해 불자로서의 지식과 소양을 만들어 주신 화성 신흥사 회주 성일 큰스님, 사찰기행의 기획단계에서부터 조언과 동참을 해 준 아내 감로심에게 큰 고마움을 전한다.

불교대학을 다니면서 인연을 맺고 격려해 준 원종호를 비롯한 도반들, 특히 108사찰순례의 동기를 제공해 준 홍진기, 사찰순례에 때때로 동행해 준 김영호 · 조영미 부부, 불교관련 조언을 해 준 한상용 도반에게 고맙게 생각한다.

아울러 본서의 기획단계에서 두 권으로 나누어 출판하는 것을 흔쾌히 약속해 준 도서출판 행복에너지의 권선복 대표이사, 편집과 디자인에 정성을 다해 준 편집장 전재진박사, 작가 오동희에게 고마움을 전한다.

『맛있는 삶의 사찰기행』과 『행복한 삶의 사찰기행』에 담지 못한 사찰은 또 다른 기회에 새로운 사찰순례 글을 통해 소개할 것을 독자들에게 약속하며 독자 여러분의 많은 조언을 부탁드린다.

2019년 봄

法華 이경서

발걸음 따라 솟아나는 무한한 선정(禪定)의 힘!

권선복
도서출판 행복에너지 대표이사

사람이 궁극적으로 원하는 것은 무엇일까요? 돈? 사랑? 명예? 자유? 여러 가지 대답이 있을 수 있겠지만, 그 모든 것의 공통요소는 '행복'이 아닐까요? 확실히 욕망이 없다면 존재는 태어나지 않을 것이고, 모든 존재는 태어난 이상 고통을 피하고 행복을 원하기 마련입니다.

이처럼 이 모든 존재가 원하는 행복은 도대체 어떻게 찾을 수 있을까요? 역시 수많은 대답이 있을 것입니다. 세상에는 행복하길 원하는 사람들을 위한 어마어마한 양의 '행복론'이 있습니다.

하지만 이 모든 것을 하나로 요약할 수 있다면 아마도 마음 心자 하나가 아닐까 합니다. 아무리 돈이 많고 권력을 쥐고 있어도 한순간에 패망한 사람, 달콤한 사랑에 취해 있다가도 가슴앓이를 하며 괴로워하는 사람들이 많습니다. 이 모두가 마음 하나 때문입니다. 바로 이러한 행복과 마음의 본질을 꿰뚫어, 마음을 다스리는 종교가 곧 불교입니다. 내 삶의 주인, 내 마음의 주인이 되어 수행하는 종교가 불교입니다.

저자 역시 불교와 인연을 맺으면서 그러한 결론에 도달하였습니다.

저자는 이러한 깨달음을 바탕으로 수행을 더 깊이 하고자 전국의 아름다운 사찰을 순례하며 보고 듣고 느끼며 배운 내용을 알차게 책 속에 담았습니다. 전작 『맛있는 삶의 사찰기행』에 이어 약속대로 나온 두 번째 책입니다. 직접 생생하게 느낀 사찰여행은 걸음마다 무한한 선정으로 인도합니다. 전편 못지않은 아름다운 사진과 풍부한 불교에 대한 내용들이 풍성한 식탁에 차려졌습니다.

살아 있는 것은 모두 다 행복하여야 합니다. 독자 여러분 역시 이 책을 읽으면서 답답한 마음에 감로수를 뿌리듯 시원한 청량감을 느끼시길 바랍니다. 그리고 이 책을 읽고 사찰을 방문하시는 분이 있다면 가는 발 걸음걸음마다 연꽃이 피어오르기를 기도합니다. 부디 여러분 모두 다 행복한 에너지가 넘쳐흘러 성불하십시오!